信息技术基础实践指导 （第六版）

本书编写组　编

复旦大学出版社

内 容 提 要

　　本书是中、高等职业学校《信息技术基础》课程的配套上机实验及能力考核指导书，由上海市中、高等职业学校的骨干教师和专家根据上海市教委职教处有关课程标准组织编写而成。

　　全书分为习题集、综合测试、模拟试卷及分析3个部分。第一部分为习题集，共有24个活动。在内容安排与课时安排上与本版《信息技术基础》（第四版）教材相配套；第二部分是综合测试，强调项目设计和综合能力的应用，与《信息技术基础》教学检查配套；第三部分是模拟试卷及分析，与《信息技术基础》考试相配套，给出了12套试卷和部分参考答案，并对作品进行部分分析点评。

　　本书的出版旨在帮助教师解决课程教学中的具体困难，帮助学生顺利通过相关的课程考核，适合学生课堂和课后练习使用。

　　《信息技术基础》是中等职业学校全体学生必须学习的文化基础课程,也是一门重要的技能基础课程。

　　根据上海市教委教研室 2004 年颁布的上海市中等职业技术学校《信息技术基础》课程标准,复旦大学出版社于 2004 年 8 月出版发行了《信息技术基础》(第一版)一书,2005 年 8 月修订再版。2010 年 1 月《信息技术基础》第三版问世。2013 年 1 月又出版了《信息技术基础》第四版。

　　《信息技术基础》教材是按项目及其具体活动为单元进行编著的,十分强调项目设计、电子作品制作的能力培养,这种全新的教学理念和教学模式为培养学生应用多项信息技术解决问题的实际能力作了有益的探索。为了促进项目教学的顺利进行,配合课堂教学,有利于学生的自主学习,有利于课程的考核,特组织力量编写了本配套练习书。

　　本教材共分上机指导、综合测试、模拟试卷及分析 3 个部分。第一部分为上机指导,主要按《信息技术基础》(第四版)教材体例安排了各种活动。为教学方便,这些活动安排基本上与教材项目相对应,活动任务明确,同时给出了参考操作步骤,有利于教师课后作业布置,也有利于学生自学。需要指出的是,大多数活动是以学习或应用一种软件为主,例如活动 2～活动 5 是以 Word 2010 为主要应用软件;活动 13～活动 16 是以 PowerPoint 2010 为主要应用软件;活动 17～活动 19 是以 Excel 2010 为主要应用软件;活动 20～活动 21 是以 DreamWeaver 为主要应用软件,等等。

　　第二部分为综合测试。综合测试题总共 15 题。从内容上划分为 7 类。综合测试 1 以 Windows 7 的资源管理器为主,综合测试 2、3 以 Word 2010 为主,综合测试 4 以 IE 浏览器和 Windows Live Mail 电子邮件等为主,综合测试 5 以图像、声音、视频等处理软件为主,综合测试 6、7、8、9、10 以 PowerPoint 2010 为主,综合测试 11、12、13、14 以 Excel 2010 为主,综合测试 15 以 Dreamweaver 为主。每类综合测试题给出项目背景、项目任务、设计制作要求等,并给出相应的参考操作步骤和样张,便于教师布置任务和指导,也方便学生自学和自测。但需强调的是,虽然以一种软件为主,但不排除几种软件同时使用的可能。因此,综合测试题的答案不是唯一的,解决问题的方案有多种,手段也不尽相同。只要达到设计和制作的要求即可。因此在教学过程中,应注重抓住项目的分析、解决问题的关键等,同时对学生的作品要加以点评、重视过程和方案的评价。

第三部分是模拟试卷及分析,对前 4 套试卷的综合题给出了解题思路和参考制作步骤,旨在帮助师生解决教学检查中的具体问题。

由于编写经验不足,难免会出现疏漏及不当之处,敬请读者指正批评。

本书所用到的实验素材及部分作品样张放在随书赠送的光盘里,或可联系复旦大学出版社编辑,邮件地址是 huangle@fudan. edu. cn。素材文件的组织结构与本书的目录结构一致,每个项目或综合测试题的素材存放在相应的文件夹下。

本书编写组
2013 年 1 月

Contents
目录

第三部分　模拟试卷及分析

第一部分

习　题　集

活动 1

计算机技术初步——**文件管理**

一、活动目的

1. 掌握文件夹创建方法。
2. 掌握文件搜索方法和移动方法。
3. 掌握库的使用方法。

二、活动任务

由于数据保存的需要,部分数据信息保存在 U 盘中,本活动要求在 U 盘中查找"2013 年公司年度财务预算.docx"文件,并把该文件保存到 D 盘"数据"文件夹中,并把"数据"文件夹包含到"文档"库中。

三、参考操作步骤

1. 创建"数据"文件夹。
（1）单击"开始"→"所有程序"→"附件"→"Windows 资源管理器"命令。
（2）在资源管理器中单击 D 盘盘符,在工具栏中单击"新建文件夹"按钮。
（3）在新建文件夹名称栏中输入"数据",然后单击[Enter]键,完成"数据"文件夹的创建。
2. 将 U 盘中数据文件复制到目标文件夹中。
（1）将存储数据的 U 盘插到计算机的一个 USB 接口上,在资源管理器中单击 U 盘盘符,再在搜索框中输入"2013 年公司年度财务预算",搜索该文件,如图 1－1－1 所示。

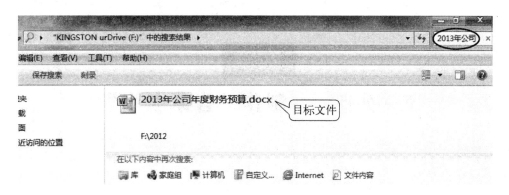

图 1－1－1　搜索文件

（2）可以看到,搜索到该文件在 U 盘"2012"文件夹中,在资源管理器中展开 U 盘"2012"文件夹,选中"2013 年公司年度财务预算.docx"文件。
（3）单击工具栏中组织按钮下拉箭头,在出现对话框中单击"复制"命令,如图 1－1－2 所示。
（4）在资源管理器中,展开 D 盘"数据"文件夹,同步骤（3）单击"组织"按钮,选择"粘贴"命令,完成数据文件复制。
3. 将"数据"文件夹包含到"文档"库中。
（1）在资源管理器中,展开 D 盘,选中"数据"文件夹,单击工具栏中的"包含到库中"右侧下拉箭头,在弹出的快捷菜单中单击"文档"按钮,如图 1－1－3 所示。
（2）完成操作后,将"文档"库与"数据"文件夹相互关联,在两个地方操作实现同步。在资源管理器中,展开"文档"库,可以看到"数据"文件夹已包含到其中了,如图 1－1－4 所示。

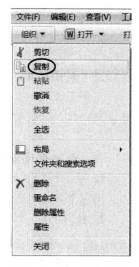

图 1－1－2　复制文件

图 1-1-3　包含到库中　　　　　　　　　　　图 1-1-4　文档库

点　拨

将文件或文件夹添加到库,不是将文件或文件夹复制到库中,而是存放到库中一个访问路径,文件或文件夹在原来的存放位置不动。

活动 2

文字处理——制作"告家长书"

一、活动目的

1. 掌握文字录入方法。

2. 掌握文字格式设置方法。

3. 掌握段落格式设置方法。

4. 掌握艺术字的插入与设置。

5. 掌握图形绘制方法与设置。

二、活动任务

一年一度的"五一"劳动节将至,上海电信学校为告知学生家长学校"五一"假期安排及对学生的相关要求,特印发了"告家长书"一份发给每位学生家长。"告家长书"的效果如图 1-2-1 所示。

三、参考操作步骤

1. 单击"开始"按钮,打开 Word 2010,新建一个空白文档,输入"告家长书"相应的文字信息,录入速度应达到汉字:20 个/分钟,英文:120 字母/分钟。参看样张"告家长书"文档。

2. 按[Ctrl]+[A]组合键,选中整篇文档,单击工具栏"开始"选项卡字体中的"字号"下拉列表框,选择"四号"。

3. 选中标题"告家长书",单击"开始"选项卡中"字体"工具组中右下角展开"字体"对话框 按钮。

在出现的“字体”对话框中选中“字体”选项卡，设置中文字体：楷体、字形：加粗、字号：一号；单击“高级”选项卡，设置间距：加宽、磅值：10；单击“确定”按钮，如图 1-2-2 所示。再单击“段落”工具组中的“居中”按钮。

4. 选中从“‘五一’劳动节即将到来”到“请您做好安排：”之间的文本内容，单击“段落”工具组中右下角展开“段落”对话框按钮，在弹出的“段落”对话框中单击“缩进和间距”选项卡，在“缩进”选项区中单击“特殊格式”下拉列表框，选择“首行缩进”选项，并设置“度量值”为“2 字符”；行距：固定值、设置值：28 磅，间距段前：0.5 行、段后：0.5 行，如图 1-2-3 所示。单击“确定”按钮。

5. 选中“4 月 29 日”和“假期要求：”三段，单击“段落”工具组中编号按钮，在弹出的对话框中单击第一排第二个，如图 1-2-4 所示，单击“增加缩进量”按钮，调整合适的缩进量。

6. 选中“积极支持”和“重视安全”六段，右击，在快捷菜单中选择“编号”命令中第一排第三个，再单击“段落”工具组中编号按钮，选择“定义新编号格式”命令，出现“定义新编号格式”对话框，如图 1-2-5 所示，选取“居中”对齐方式，单击“确定”按钮。单击“增加缩进量”按钮，调整合适的缩进量。

告 家 长 书

尊敬的学生家长：

“五一”劳动节即将到来，为了帮助孩子调节身心，度过一个健康、愉快、安全、有收获的假期，根据国务院要求，结合我校实际，我校放假及安排告知您，请您做好安排：

1. 4 月 29 日——5 月 1 日放假、休息。

2. 5 月 2 日开始正常上课。

3. 假期要求：

1) 积极支持上海城市文明建设，争做文明市民。

2) 合理安排假期学习、生活、娱乐、锻炼的时间。

3) 关心国家大事，要养成天天看报纸或收听新闻习惯。

4) 要用中学生行为规范约束自己，在外遵守社会公德，遵守国家法律；在家尊敬父母，做力所能及的家务。

5) 不进营业性舞厅、卡拉 OK、酒吧等娱乐场所；不进游戏机房和网吧。

6) 重视安全，外出遵守交通规则，不到危险区域活动，注意饮食卫生。

上海电信学校

2013.4.25

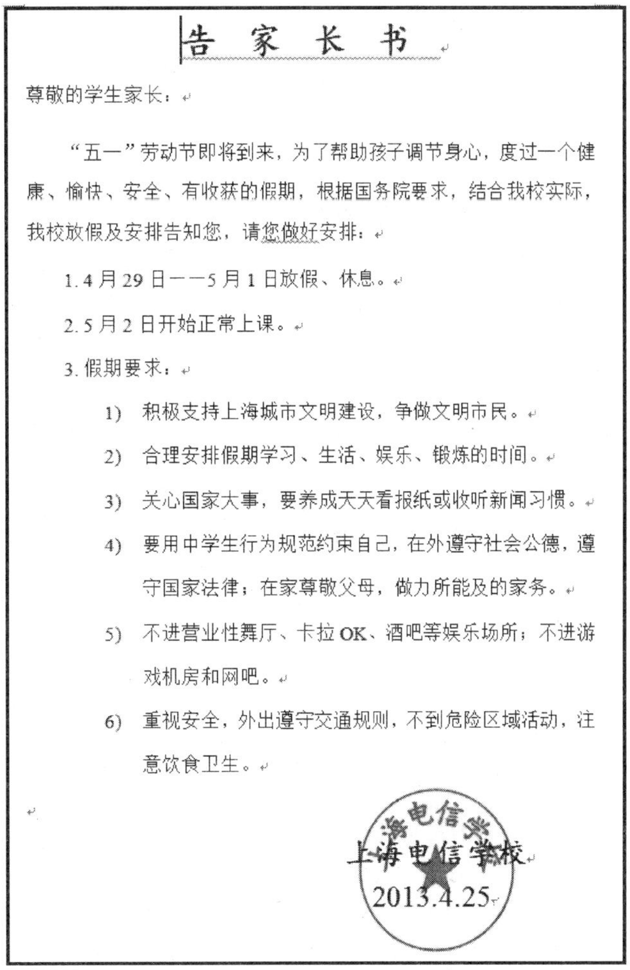

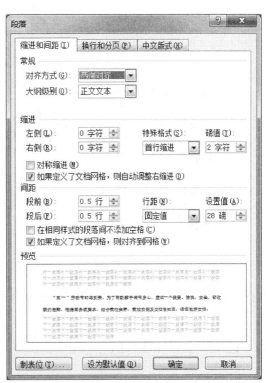

图 1-2-1 活动 2 效果图

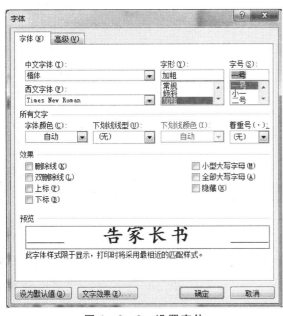

图 1-2-2 设置字体

图 1-2-3 段落设置

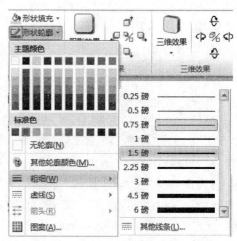

图 1-2-4 项目编号   图 1-2-5 定义编号格式   图 1-2-6 选择插图轮廓

7. 光标移到"上海电信学校"段首,单击[Enter]键。选中"上海电信学校"段,右击,选择"字体"命令。在出现的"字体"对话框中选中"字体"选项卡,设置中文字体:楷体、字形:加粗、字号:二号,单击"确定"按钮。右击,选择"段落"命令,在弹出的"段落"对话框中,单击"缩进和间距"选项卡,在"缩进"选项区中"左"设为22字符,界面可参见图1-2-3,单击"确定"按钮。

8. 选中"2013.4.25"段,单击"字体"工具组中字号下拉箭头,选择二号选项。

9. 选中"2013.4.25"段,右击选择"段落"命令,在弹出的"段落"对话框中单击"缩进和间距"选项卡,在"缩进"选项区中"左"设为24字符,单击"确定"按钮。

10. 单击"插入"选项卡,在"插图"工具组中,单击"形状"按钮,选择"椭圆"命令,按住[Shift]键在文档的下部画一个圆,调节圆的大小,设置高度和宽度均为4厘米。单击"形状轮廓"按钮,粗细选择1.5磅;颜色选择红色,如图1-2-6所示。形状填充选择"无填充颜色"。

11. 单击"文本"工具组中"艺术字"按钮,在出现的"'艺术字'库"对话框中,选中第一排第三个,如图1-2-7所示。

图 1-2-7 选择艺术字   图 1-2-8 编辑艺术字

图 1-2-9 艺术字工具栏

12. 出现"编辑艺术字文字"对话框,输入"上海电信学校",并设置字体:楷体,字号:14,如图1-2-8所示,单击"确定"按钮。

13. 调节艺术字的大小,高度和宽度均设置为3厘米。

14. 在"艺术字工具样式"动态工具栏中,如图1-2-9所示,单击"形状轮廓"按钮,颜色选择红色,粗细选择0.75磅;单击"形状填充"按钮,颜色选择红色,右击选择叠放次序中衬于文字下方命令。

15. 单击"插图"工具组中"形状"按钮,在"星与旗帜"中选中"五角星"图形,在圆的中心画一个"五角星",调节"五角星"的大小,高度和宽度均设置为1.2厘米,"线条颜色"与"填充颜色"都设置为红色。

16. 按住[Shift]键,再分别选中艺术字和圆,右击选择"组合"命令,完成学校公章的制作。

17. 移动公章到"上海电信学校"和"2013.4.25"两段文字上方,右击图形,在快捷菜单中选择"叠放次序"→"衬于文字下方"命令。

18. 单击"文件"→"另存为"命令,在出现的"另存为"对话框中,选择保存位置及类型,输入文件名,如图1-2-10所示,单击"保存"按钮,并保存自己的文档。效果如图1-2-10所示。

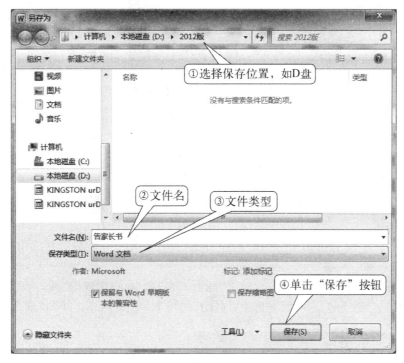

图 1-2-10 保存文件

活动 3

文字处理——**制作课程表**

一、活动目的

1. 掌握表格创建的方法。
2. 掌握表格编辑的方法。
3. 掌握边框和底纹的设置方法。

二、活动任务

学生对课程表都是非常熟悉的,每个班级每个学期都会有不同的课程表,尤其在实行学分制的今天,每个人都会有不同的课程表,作为上海电信学校1200b1班的你,为了更好地促进学习,需要制作一个班级的课程表。课程表的效果图如图1-3-1所示。

三、参考操作步骤

1. 打开 Word 2010,新建一个空白文档。

课　程　表

（上海电信学校 1200b1 班 2012/2013 学年　第二学期　2013.3）

时间＼星期	星期一	星期二	星期三	星期四	星期五
1-2节↓（8：30~9：50）	英　语	语　文	品　德	计算机	数　学
3~4节↓（10：10~11：30）	数　学	电工基础	数　学	语　文	英　语
午餐、午休					
5~6节↓（13：00~14：20）	艺术体操	计算机	英　语	电工基础	班　会
7~8节↓（14：40~16：00）	普通话	自　习	艺术欣赏	体　育	

图 1-3-1　课程表效果图

　　2. 单击"页面设置"工具组中"页面设置"按钮，在弹出的"页面设置"对话框中，单击"纸张"选项卡，在纸张大小选项区选择"自定义大小"选项，宽度：21 厘米，高度：16 厘米，如图 1-3-2 所示。单击"页边距"选项卡，纸张方向：横向，上边距和下边距均为 2 厘米，单击"确定"按钮。

　　3. 输入标题"课程表"，选定标题，在"字体"区中，单击字体设置按钮，在出现的字体设置对话框中，设置字体：黑体，字号：一号，单击"确定"按钮。在"段落"区，单击"居中" ☰ 按钮，用空格键调整标题文字间距，然后单击"回车"按钮。

　　4. 输入"（上海电信学校 1200b1 班 2012/2013 学年　第二学期　2013.3)"，并选中该部分内容，设置字体：宋体，字号：四号。然后单击"回车"按钮。

　　5. 选择"插入"选项卡，单击"表格"按钮，单击"插入表格"命令，在出现的"插入表格"对话框中，表格尺寸区域设置：列数为 7、行数为 6，选中固定列宽：自动，如图 1-3-3 所示。单击"确定"按钮。

图 1-3-2　纸张设置

图 1-3-3　插入表格

　　6. 选中第一行第一个单元格，输入"星期"，光标放在该单元格内，切换至"表格工具"动态对话框中选择"布局"选项卡，单击选择"对齐方式"组的"靠上右对齐"命令，如图 1-3-4 所示。

　　7. 将选择表格在表格第一行第二列输入"时间"，光标放在该单元格内，切换至"表格工具"动态对话框

图 1－3－4 表格工具

中选择"布局"选项卡,单击选择"对齐方式"组的"靠下两端对齐"命令,如图1－3－5所示。

8. 选中第一行的第一列和第二列的单元格,字体设置为小四,右击,在快捷菜单中选择"合并单元格"命令,切换至"表格工具"动态对话框中选择"设计"选项卡,单击选择"绘图边框"组的"绘制表格"命令,在该单元格画制斜线。

图 1－3－5 对齐方式

9. 选中第2行到第6行的第一列和第二列的单元格,在格式工具栏中选择字号:五号,选中第二行第一和第二单元格,右击选择"合并单元格"命令,再分别第三行、第五行和第六行的第一和第二单元格合并。选择第四行右击选择"合并单元格"命令。选中第3列到第7列,右击选择"表格属性"命令,在出现的"表格属性"对话框中,选择"单元格"选项卡,选中"居中"选项,如图1－3－6所示,单击"确定"按钮。

10. 选中第1行,右击选择"边框和底纹"命令,在出现的"边框和底纹"对话框中,选择"底纹"选项卡,在填充项,选择第一列第三行选项,如图1－3－7所示,单击"确定"按钮。

11. 同样设置第四行和其他行第一列的填充格式。

12. 选中第二行第一个单元格输入"1～2 节",按[Shift]＋[Enter]键,再输入"(8:30～9:50)"内容,以此输入课程表中的其他内容。

13. 选中整个表格,右击选择"边框和底纹"命令,在弹出的"边框和底纹"对话框中单击"边框"选项卡,设置线型为"第九种",宽度为"1.5 磅",颜色为蓝色,设置为"虚框",如图1－3－8所示。单击"确定"按钮。

图 1－3－6 表格属性

14. 单击"文件"→"另存为"命令,在出现的"另存为"对话框中,选择保存位置及类型,输入文件名,单击"保存"按钮,保存该文档,关闭 Word 程序。

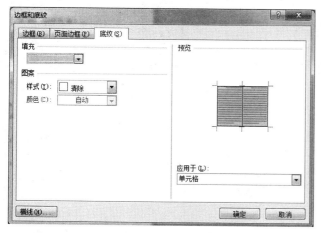
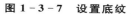

图 1－3－7 设置底纹

图 1－3－8 设置边框

活动 4

文字处理——名片制作

一、活动目的
1. 掌握图片的插入与设置方法。
2. 掌握文本框的使用技巧。

二、活动任务
上海安达客运公司的王斌经理为了方便业务的往来与人际的沟通,需要有自己的名片。这名片不仅要美观大方,还要体现公司特点和王经理的个性。王经理把这项任务交你来完成,名片效果图如图 1-4-1 所示。

图 1-4-1　活动 4 效果图

三、参考操作步骤
1. 打开 Word 2010,新建一个空白文档。
2. 单击"插入"选项卡,在"文本"工具组中单击"文本框"按钮,单击"绘制文本框"命令,当鼠标指针变成十字形,拖动鼠标绘制一个文本框。
3. 选中文本框,在弹出的"绘图工具格式"工具栏中,在"大小"区域,设置高度为 5.5 厘米、宽度为 8.9 厘米,如图 1-4-2 所示。

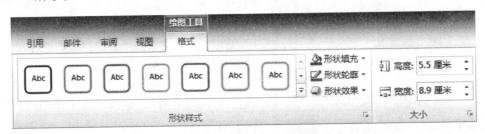

图 1-4-2　设置文本框大小

4. 单击"插图"工具组中的"图片"按钮,在出现的"插入图片"对话框中,选择要插入的图片,单击"插入"按钮,将图片插入文本框中。

5. 在大文本框中上部绘制一个文本框。在其中输入"上海安达客运公司",选中输入内容,设置格式:字体为楷体、字号为二号,并单击"加粗"、"居中"按钮。

6. 选中小文本框,选择"绘图工具格式"选项卡,单击"设置形状格式"按钮,单击"填充"选项卡,选择"无填充"项;单击"线条颜色"选项卡,选择"无线条"项,如图 1-4-3 所示,单击"关闭"按钮。

7. 参照步骤 5 的方法在大文本框中间再绘制一个文本框,并参照步骤 6 的方法设置文本框。

8. 在此文本框中输入"王斌 经理",选中"王斌"进行格式设置:字体为隶书,字号为小一号字,选中"经理"进行格式设置:字体为楷体,字号为小二号字,选中"王斌 经理"单击"居中"按钮。

9. 参照步骤 5 的方法在大文本框中下部,再绘制一个

图 1-4-3　设置插入图片形状格式

文本框,并参照步骤6的方法设置文本框。输入相应的信息。

10. 参照步骤5的方法在大文本框中左上角,再绘制一个文本框,并参照步骤6的方法设置文本框,参照步骤4插入公司标志。

11. 参照步骤6的方法设置大文本框。

12. 按[Shift]键,依次选中文本框,在"排列"工具组中单击"组合"命令,把它们组合成一体,如图1-4-4所示。

13. 右击,选择"自动换行"中"四周型环绕"命令,并设置水平对齐方式,如图1-4-5所示。

14. 右击,在快捷菜单中单击"其他布局选项"按钮,出现"布局"对话框,单击"文字环绕"选项卡,设置环绕方式为上下型,如图1-4-6所示,单击"确定"按钮。

15. 单击"文件"→"另存为"命令,在出现的"另存为"对话框中,选择保存位置及类型,输入文件名,单击"保存"按钮保存文档。

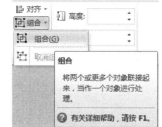

图1-4-4　组合设置

图1-4-5　设置换行方式

图1-4-6　文字环绕方式选择

活动5

文字处理——设计上博电子板报

一、活动目的

1. 掌握图文混排的方法。
2. 掌握文档页面设置操作。

二、活动任务

作为一所一流的综合性艺术博物馆,多年来,上海博物馆以其收藏的大量精美的艺术文物而享誉国内外。同时,上博——上海博物馆也是爱国主义教育基地,是精神文明建设的窗口。为了宣传上博,要求你制作一份关于上博的电子板报。

三、参考操作步骤

1. 打开素材中"上博.doc"文档,发现文档中有一些空格,要删除,我们使用替换方法来完成。选中一个空格并按[Ctrl]+[C]复制空格,单击"开始"选项卡,在"编辑"功能区单击"替换"命令,在出现的"查找和替换"对话框中,鼠标插入点选中查找内容栏并按[Ctrl]+[V]粘贴空格,接下来鼠标插入点移到"替换为"栏中,单击"全部替换"按钮,弹出完成替换的消息框后,单击"确定"按钮,返回"查找和替换"对话框,单击

上海博物馆

上海博物馆是一座大型的中国古代艺术博物馆。馆藏珍贵文物十二万件，包括：青铜器、陶瓷器、书法、绘画、玉牙器、竹木漆器、雕塑、玺印、钱币、少数民族工艺等等二十一个门类。其中青铜器、陶瓷器、书画为馆藏三大特色。

关于上博的一些小常识

上博的外型为什么是这样的？——上博新馆的外观具有汉代的建筑风格，由方体基座与圆形出挑组合起来，具有中国古代"天远地方"的寓意。

这些姓名代表什么？——上博的各个展览厅一般都以该厅装潢的赞助者命名，如邵逸夫绘画馆、何鸿卿玉器馆的大理石墙上，还有为筹人士的姓名。上博新馆总右，即约八千五百万元左右资金在海内外募集。

参观讲解是免费的的。您可以在来参观前预约对团体观众服务。另外在展厅中也有我们的当值讲解员，会根据您的要求为您讲解服务。吗？——当然是免费先来电登记，预约讲解

南广场雕塑介绍

上海博物馆南面两侧的八件雕塑是以几百件石刻品中选出的汉、魏晋南北朝、隋唐时期的八件石刻为仿制模型，加以放大。其中一件天禄，一件辟邪，六件石狮。天禄和辟邪是以石狮作为仿制原型，加以神化而塑造出来的。双角为天禄，独角为辟邪。

六件石狮的其中二件为魏晋南北朝时期的石狮，头较小，腹部较细，胸部不太突出，展现了魏晋南北朝时期以瘦为美的艺术特征。四件为隋唐时期的石狮。唐代石狮头较大，胸部发达，腹部较粗壮，四肢肌肉发达，体现了唐代以胖为美的艺术风格。

图 1－5－1　活动 5 效果图

图 1－5－2　首字下沉

"关闭"按钮，完成删除空格操作。

2. 选中标题"上海博物馆"，分别在"字体"和"格式"功能区进行设置：字体为楷体、字号为一号，单击"加粗"和"居中"按钮。

3. 选中小标题"关于上博的一些小常识"，在"字体"功能区设置：字体为黑体、字号为小三号。单击"剪贴板"功能区"格式刷"按钮，刷过另一个小标题"南广场雕塑介绍"。

4. 选中第一段首字"上"，单击"插入"选项卡中"文本"工具组中"首字下沉"按钮，单击列表中的"首字下沉"命令。出现"首字下沉"对话框，如图 1－5－2 所示。

5. 在"首字下沉"对话中，位置选"下沉"，字体为宋体，下沉行数为 2，距正文为 0 磅，单击"确定"按钮。

6. 光标移至第一段尾，单击"插入"选项卡中"插图"工具组中"图片"按钮，在出现的"插入图片"对话框中，选择要插入的图片，单击"插入"按钮，将图片插入文档中。

7. 右击，选择"设置图片格式"命令，在出现的"设置图片格式"对话框中，单击"版式"选项卡，环绕方式选中"紧密型"，如图 1－5－3 所示，单击"高级"按钮。

8. 出现"布局"对话框，单击"文字环绕"选项卡，在"自动换行"区选中"只在左侧"项，界面可参考图 1－4－6，单击"确定"按钮。返回"设置图片格式"对话框，再单击"确定"按钮。图片移至第一段右侧。

9. 选中第一个小标题下面三段文字，单击"段落"工具组中"段落"按钮，在出现的"段落"对话框中，选择首行缩进，单击"确定"按钮。

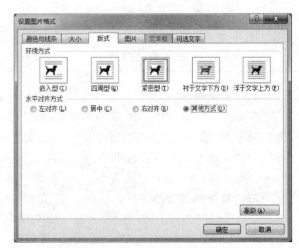

图 1－5－3　设置图片格式

10. 参照步骤 6、7、8 在文档中间插入另一张图片,图片位置参照样张。

11. 选中第二个小标题下面两段文字,单击"段落"工具组中"段落"按钮,在"段落"对话框中设置,选择首行缩进,单击"确定"按钮。单击"页面布局"选项卡中"页面设置"工具组中"分栏"按钮,选择"更多分栏"命令,如图 1-5-4 所示。

12. 出现"分栏"对话框,在预设区域选择偏左,栏数为 2,选中分隔线项,如图 1-5-5 所示,单击"确定"按钮。

13. 单击"页面设置"工具组中右下角"页面设置"按钮,出现"页面设置"对话框,单击"页边距"选项卡,设置上下左右边距均为 3.5 厘米,如图 1-5-6 所示,单击"确定"按钮。

图 1-5-4 选择分栏

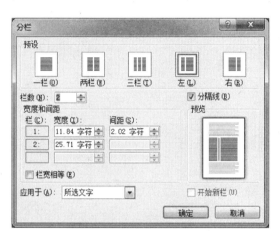

图 1-5-5 分栏设置

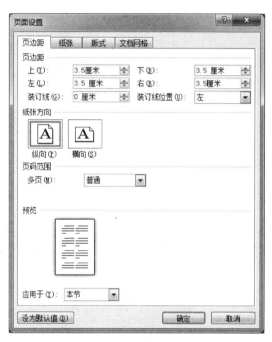

图 1-5-6 页边距设置

14. 单击"插入"选项卡中"页眉和页脚"工具组中的"页眉"按钮,出现"页眉和页脚"动态工具栏,如图 1-5-7 所示,在页眉处输入"欢迎参观上海博物馆",格式为字体为华文行楷、字号为二号,居左。单击"导航"工具组中"页眉和页脚转换"按钮,设置页脚为插入日期和时间居右,字号为四号,单击"关闭"按钮。

图 1-5-7 页眉页脚工具栏

15. 单击"文件"→"另存为"命令,在出现的"另存为"对话框中,选择保存位置及类型,输入文件名,单击"保存"按钮,保存该文档,关闭 Word 程序。

活动 6

因特网应用——因特网上信息的采集

一、活动目的

1. 熟练掌握搜索引擎的使用。

2. 熟练掌握获取信息的保存方法。

二、活动任务

青松老年活动中心准备为每一个活动室配备一台电视机,希望锋行职校的同学通过因特网来获取各类电视机(如 LCD 平板、等离子(PDP)平板等)的性能与特点,以取得各种电视机的第一手实际情况资料,为老年活动中心的决策者决策提供参考。

三、参考操作步骤

1. 使用搜索引擎(如搜狗)获取有关电视机的性能资料。

(1) 接入因特网后,启动 IE 浏览器(双击桌面的 图标,或单击任务栏上的快捷按钮 ,也可以到"开始—所有程序"中去启动)。

(2) 在地址栏中输入网址：http://www.sogou.com/,回车后将显示出搜狗的主页。

(3) 在关键字文本框中键入"彩电报价",单击"搜狗搜索"按钮,将显示图 1-6-1。

图 1-6-1 搜索关键字网页

(4) 找到需要的链接(如图 1-6-1 中的"彩电-＊＊电器官方网站,彩电报价")单击,将显示出这个网站的网页,如图 1-6-2 所示。

(5) 单击图 1-6-2 中我们感兴趣信息(如"清华同方彩电 LC-32B91i")的超链,以便进一步详细地查看,结果见图 1-6-3。

如果在图 1-6-2 中直接找不到所需的信息,可以利用网页上提供的工具来搜索(如图 1-6-2 中圈出的部分)。

2. 保存获得的信息。

(1) 保存网页。

在需要保存的页面窗口中按"页面"按钮,执行"另存为"命令,如图 1-6-4 所示。

在随后打开的对话框(图 1-6-5)中,进行保存位置(如"桌面"),选择"保存类型、文件名"等设置操作,最后按下"保存"按钮。

(2) 保存图片。

右击图片,在展开的快捷菜单中选"图片另存为"命令(见图 1-6-6),"保存图片"对话框与"保存网页"(图 1-6-5)对话框的用法是完全一样的。

图 1 - 6 - 2　显示相关网页

图 1 - 6 - 3　找到所需信息

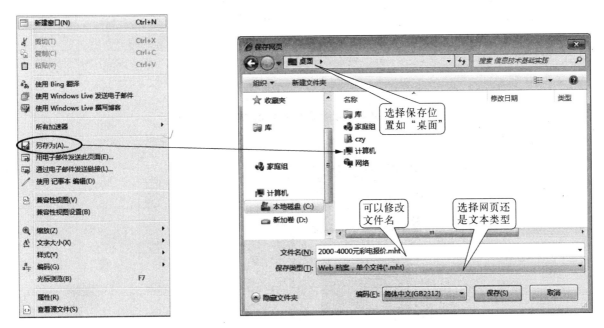

图 1 - 6 - 4　另存命令

图 1 - 6 - 5　保存网页

3. 浏览器选项配置。

如果对浏览器有什么特殊要求,或可通过配置浏览器选项来得到。执行浏览器主页上的"工具→Internet 选项"命令,即进入了浏览器选项配置的对话框,见图 1 - 6 - 7。

在"**主页**"区,设置启动浏览器后即打开的页面的地址;

在"**浏览历史记录**"区,可将记录的为了提高浏览速度的临时文件等信息删除,或改变它的存放位置、容量大小等;

在"**搜索**"区,改变默认的搜索引擎;

在"**选项卡**"区,配置是否使用选项卡窗口浏览,弹出窗口时,是弹出新窗口还是弹出新选项卡窗口等;

在"**外观**"区,可以将浏览器配置成不按网页设计时指定的颜色、字体、文字大小等来显示网页,而按照"外观"区设置的数据来显示网页。这里的设置是否起效,关键在于按下"辅助功能"按钮后的设置。

图 1 - 6 - 6　另存图片命令

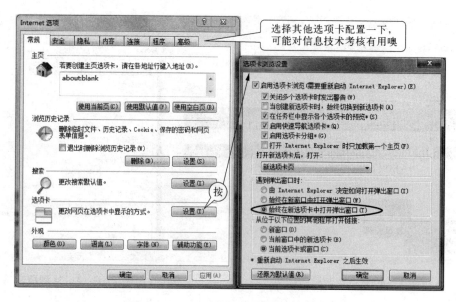

图 1－6－7　浏览器选项配置对话框

四、样张

　　将保存起来的网页中的信息(文字与图片),按样张在 Word 中制作成一个表格,保存为"活动 1－6 样张.doc"文件,保存到"桌面"。样张如图 1－6－8 所示。

网上获取的电视机资料汇总

产品名	外观图片	基本参数	参考价
高档机型			
飞利浦 42PFL5300/T3		产品定位: 全高清 LED 电视 屏幕尺寸:42 英寸 屏幕比例:16:9 分辨率 :1920*1080 液晶面板 :VA 面板 背光灯类型: LED 发光二极管 背光灯寿命:30000 小时 最佳观看距离:3.1~4.0 米 支持格式:1080p (全高清) 水平视角:170 度 垂直视角:170 度 接收制式:PAL/NTSC	5999.00
创维 42E82RD		产品定位: 全高清 LED 3D 电视 屏幕尺寸: 42 英寸 屏幕比例: 16:9 分辨率: 1920*1080 背光灯类型: LED 发光二极管 最佳观看高度: 2.6~3.0 米 支持格式: 1080p (全高清) 扫描方式: 支持逐行扫描输入 接收制式: PAL/NTSC	4599.00
中档机型			
飞利浦 32PFL3500/T3		产品定位: 高清 LED 电视机 屏幕尺寸: 32 英寸 屏幕比例:16:9 分辨率:1366*768 背光灯类型: LED 发光二极管 最佳观看距离:1.8~2.5 米 支持格式:720p (高清) 扫描方式: 支持逐行扫描输入 水平视角:170 度 垂直视角:170 度 接收制式:PAL/NTSC/SECAM	3799.00
夏普 LCD-32G120A		液晶显示屏: X 超晶面板 分辨力: 1366 (水平) ×768 (垂直) 智能光控 (OPC): √ 立体环绕: √ 声音输出: 7.5W+7.5W 端口: HDMI×2、Y.Pb.Pr 分量×2、PC 输入×1、USB×1	2999.00
低档机型			
康佳 LED32IS97N		产品定位: 全高清 LED 网络电视 屏幕尺寸: 32 英寸 屏幕比例: 16:9 分辨率: 1366*768 背光灯类型: LED 发光二极管 最佳观看高度: 2 米 支持格式: 1080p (全高清) 扫描方式: 支持逐行扫描输入 电视接口: HDMI 3×HDMI1.3 网络接口: 1×网络端口 其他接口: 4×USB (H.264/RMVB) 1×VGA……	2698.00
创维 32E61HR		物理分辨率: 1366*768 接口: 射频、视频、分量、hdmi、电脑、usb、网络端口、重低音 输出端口功能: 健康全屏变、支持 720p rm/rmvb 及 1080p h.264 格式影片播放	2299.00

图 1－6－8　活动 6 样张

活动 7

因特网应用——**使用因特网传递信息**

一、活动目的

1. 掌握免费电子邮件地址的申请方法。
2. 熟练掌握电子邮件软件的使用。

二、活动任务

为了把活动 6 取得的资料传送给老年活动中心的决策者,同学们决定使用电子邮件来实现。要使用电子邮件,首先是要有电子邮箱与地址,现在网络上有注册的邮箱,也有免费的邮箱。同学们根据实际情况,确定申请免费的电子邮箱。然后就可以将资料通过电子邮件传送给多位决策者了。

三、参考操作步骤

1. 获取免费的电子邮箱。

(1) 接入因特网后,启动 IE 浏览器(双击桌面的 图标,或单击任务栏上的快捷按钮 ,也可以到"开始—所有程序"中去启动)。

图 1-7-1 进入提供免费邮箱的网站

(2) 在地址栏键入:www. sina. com. cn,显示图 1-7-1。

(3) 单击"邮箱"(图 1-7-1 中圈出的),并在随后出现的邮箱登录页面中点击"立即注册"链接,将显示图 1-7-2,输入一个未被注册过的邮箱名与密码等参数后,按"同意以下协议并注册"按钮,显示图 1-7-3,如果有手机,选择使用"手机激活"邮箱比较方便,无手机者,则只能使用验证码激活了。按下"手机激活"后,显示图 1-7-4,输入手机号码后,按下左边的"获取短信验证码"按钮,获得验证码后,在"短信验证码"框中输入,然后按"马上激活"按钮,完成免费邮箱的注册。

现在即可进入"http"方式的邮件收发,这也可能是我们最习惯的一种邮件收发方式。但如果你还是喜欢使用邮件客户端来收发邮件,那么要注意,注册的免费邮箱是否默认地支持客户端使用。新浪邮箱默认即不支持,可通过设置来打开,见图 1-7-5。

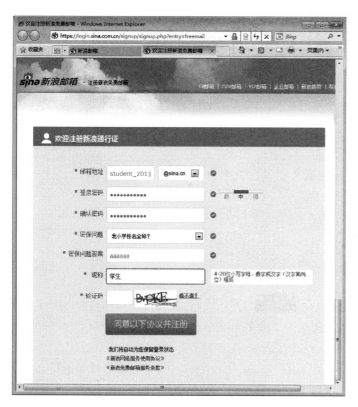

图 1-7-2 选择邮箱名称与设定密码

2. 收发电子邮件。

使用微软免费的 WLMail(Windows Live Mail)软件来收发电子邮件。

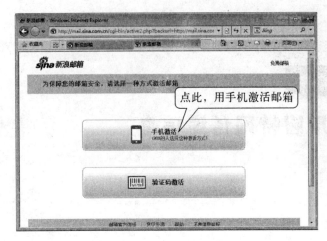

图 1-7-3　激活邮箱一

图 1-7-4　激活邮箱二

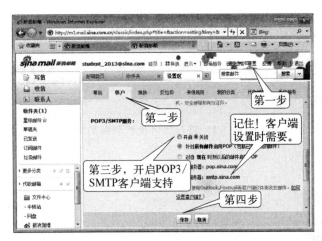

图 1-7-5　免费邮箱关键数据设置

图 1-7-6　WLMAIL 窗口

启动 WLMail：执行"开始—所有程序—Windows Live Mail"命令,显示图 1-7-6。

(1) 设置邮箱账户。

设置步骤请参考教材"项目三 活动二",而其中的服务器设置数据,则应参考图 1-7-5。如果申请的是其他网站的免费邮箱,则其数据请参阅相关的帮助信息。

(2) 发送电子邮件。

① 单击图 1-7-6 中新建区域的"电子邮件"按钮,显示出"新邮件"窗口,见图 1-7-7。

② 在收件人栏,键入收件人的邮件地址,当邮件要发给多个人时,可以键入多个地址,但要在两个地址之间以";"或","分隔。

如果已建有联系人簿(可以通过执行图 1-7-6 中的"　　▤▾　　→新建→联系人"命令建立),则可以通过按图 1-7-7 中的"收件人……"按钮在联系人簿中直接选取一个或多个收件人。

③ 在主题栏输入"网上获取的电视机资料汇总"(对邮件来说,主题并非是必需的)。

④ 打开活动 6 建立的"活动 1-6 样张.doc",复制所有内容,粘贴到"新邮件"窗口的信纸区中(见图 1-7-9),标题(标题 2)文字设为红色,表格中的字号设为 10,其余设置皆为默认(缺省)的。

⑤ 发送邮件,按图 1-7-7 中的"发送"按钮。

友情提醒

① 如果在 WLMail 中建立了多个邮件账户,则在"新邮件"窗口中会显示选择"发件人"按钮,如果不选,则以默认账户为发件人。

② 由于可能多人(几个班级)同时访问同一个远程的邮件服务器,从而造成网路的不畅(因为一般学校的因特网出口速率很有限)。因此,最好在实验环境中建立电子邮件服务系统。

(3) 接收电子邮件

要接收电子邮件,见图 1-7-8 所示。若因某种原因而没把新邮件发送出去,也可在此发送。

图 1-7-7　新邮件窗口

图 1-7-8　发送/接收邮件的操作

3．WLMail 的配置。

如果当前配置不满足要求,比如不想接收某人的邮件,你可以设置"邮件规则",具体操作可参看教材"项目三的活动二"。

四、样张

活动 7 样张如图 1-7-9 所示。

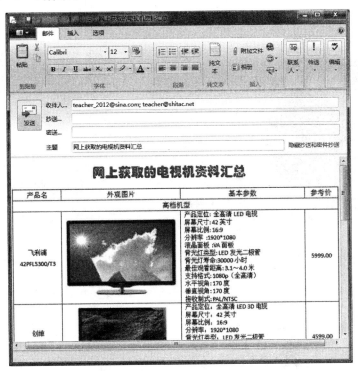

图 1-7-9　活动 7 样张

活动 8

因特网应用——获取、传递安全信息与备份信息

一、活动目的

1. 熟练掌握安全软件的获得方法。
2. 熟练掌握查、杀毒软件的使用。
3. 熟练掌握数据备份的方法。

二、活动任务

为了保证活动 6 获得的资料和活动 7 传送给决策者的信息安全可靠,除了同学们要在思想上重视外,还可以利用一些技术手段帮助同学们达到目的,这就是杀毒软件的使用。为了保证获得信息不会轻易丢失,同学们还决定使用诸如压缩软件之类的系统,来对数据进行备份。

三、参考操作步骤

1. 查、杀毒软件的获得。

由于"搅局者"(商业化运行的安全软件公司语)360 的出现,使原商业化运转的安全软件公司不得不放下身段,也采取对个人用户免费的措施,使得个人用户再也不用去盗版,而可以堂堂正正地免费使用正版安全软件了。因此你只要在网上搜索下载即可得到。

例如,通过搜索引擎搜索"金山毒霸",然后可以打开相应的网站进行下载,见图 1-8-1。

图 1-8-1 "金山毒霸"官网

点击"免费下载"链接,显示图 1-8-2。按图 1-8-2 中的"运行"按钮,文件下载到浏览器的临时文件夹中,并立即运行下载文件。按图 1-8-2 中的"保存"按钮,则可选择下载文件存放的位置,以便以后又需要时还可使用,选择下载文件的存放位置(如"桌面")后,按下"保存"按钮。

如果安装了专门的下载软件,可能会得到更好的下载体验。

2. 使用查、杀毒软件检查计算机。

优秀的杀毒软件有许多,本活动以毒霸杀毒软件为例,来学习保障信息安全的方法。

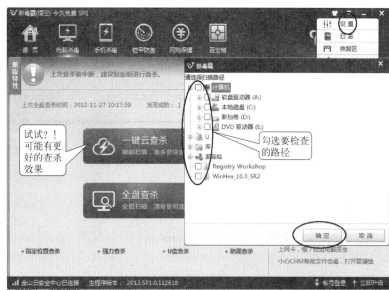

图 1-8-2 "金山毒霸"下载　　　　　图 1-8-3 杀毒软件的杀毒窗口

(1) 启动金山毒霸杀毒软件：双击桌面的 ☑ 或点击任务栏的 ☑/☑ 图标，或执行"开始"→"所有程序"→"金山毒霸"→"新毒霸"命令，打开"电脑杀毒"链接，点击"指定位置查杀"链接，将显示图 1-8-3 的对话框。

(2) 查杀 C 盘的病毒：勾选"C 盘"等查杀路径后，单击"确定"按钮。查到病毒后的处理方式可在设置中设置。

(3) 启用防御功能：如果想在下载信息时就确保安全，则应启用杀毒软件的防御功能。操作：右击任务栏的 ☑ 图标，点击 ●关● 链接，使 ☑ 图标变成 ☑。

虽然杀毒软件的更新速度不可谓不快，但好像还是不如病毒变异来得快。而且一旦你更新杀毒软件设置有误，就可能造成长时间的杀毒软件未更新，此时如果使用云查杀的话，可以起到一定的补救作用。因为云杀毒引擎是存在于安全软件公司，且无时无刻不在更新。

友情提醒

如果实验环境安装的是其他杀毒软件，则以实际的为准，由教师指导操作。

3. 使用压缩软件来备份与恢复数据。

(1) 压缩软件安装。

① 以"WinRAR"为例，找到 WinRAR 的安装包，如"WinRAR_LH_SC.exe"，双击它，显示如图1-8-4。

② 按"安装"按钮，显示文件解压复制过程，如图 1-8-5 所示。

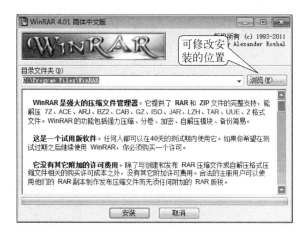

图 1-8-4 安装压缩软件之一　　　　　图 1-8-5 安装压缩软件之二

③ 文件复制结束,进入压缩文档的关联设置,见图1-8-6。

④ 按"确定"按钮,显示安装结束的对话框。

⑤ 按"完成"按钮,结束安装。

(2) 用压缩软件备份数据。

将活动6建立的"活动1-6样张.doc"文档创建为"自解压缩"文档"活动1-6样张.exe"。

① 右击"活动1-6样张.doc",显示如图1-8-7,选择"添加到压缩文件(A)…"命令。

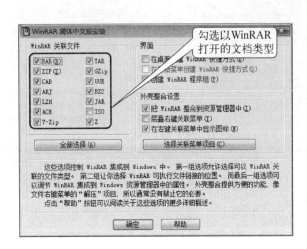

图1-8-6 安装压缩软件之三

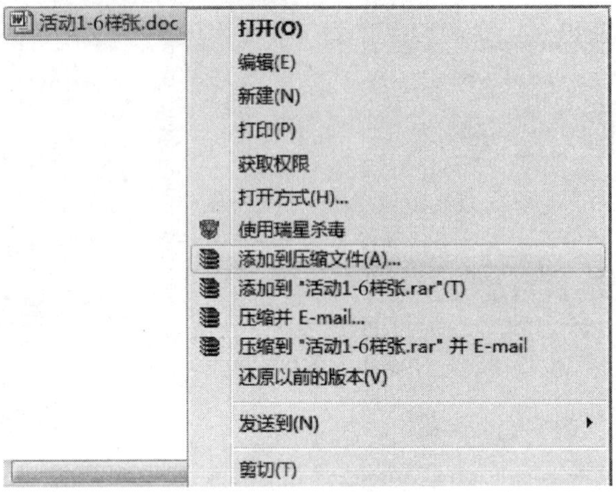

图1-8-7 压缩命令

② 在随后显示的图1-8-8中选中"创建自释放格式档案文件(X)",按下"确定"按钮。

此时的自解压缩文档"活动1-6样张.exe"建立在与"活动1-6样张.doc"相同的文件夹内(如桌面)。如果要建立到其他文件夹,请按"浏览(R)…"按钮选择其他文件夹。

(3) 恢复(解压缩)数据。

将自解压缩文档"活动1-6样张.exe"解压缩到与"活动1-6样张.doc"不同位置的文件夹中。

双击"活动1-6样张.exe",显示图1-8-9。

图1-8-8 压缩参数设置

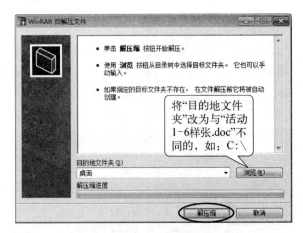

图1-8-9 解压缩

按"浏览(W)…"按钮,将"目标文件夹"改成与"活动1-6样张.doc"不同的位置。

按"解压缩"按钮,开始自解压缩操作。

友情提醒

如果实验环境没有提供WinRAR安装包,同学们可以利用搜索引擎进行搜索、下载,然后进行安装、压缩与解压缩操作练习。

活动 9

多媒体信息处理——图像素材的获取和处理

一、活动目的

1. 掌握使用 ACDSee 获取图像的步骤。
2. 掌握使用 ACDSee 进行图像浏览的方法。
3. 掌握使用 ACDSee 对图像批量处理的方法。

二、活动任务

在配套素材中有一些不同格式的图像素材,先要使用 ACDSee 将素材有选择地导入到计算机中。使用 ACDSee 对这些图像进行浏览,查看各种不同格式的图像文件,了解它们的特点及不同之处,并对部分图像素材进行批量处理。

三、参考操作步骤

1. 获取外部图像。

(1) 启动 ACDSee 10,选择菜单栏中"文件"→"获取相片"→"从相机或读卡器"命令(见图 1-9-1)。

图 1-9-1　ACDSee 主界面

(2) 在弹出的"获取相片向导"对话框中单击"下一步"按钮(见图 1-9-2)。

(3) 在对话框中选择素材所在盘符,然后单击"下一步"按钮(见图 1-9-3)。

(4) ACDSee 会对素材所在盘中的文件进行扫描,并将所有的图像文件显示在"获取相片向导"对话框中(见图 1-9-4),默认时选择了所有图像文件。单击下方的"全部清除"按钮,则取消对所有图像文件的选择,仅将"SAM_2820. wmf"、"SAM_2821jpg"、"SAM_2822jpg"、"SAM_2823jpg"、"SAM_2824jpg"、"SAM_2825jpg"、"SAM_2826jpg"、"SAM_2827jpg"、"SAM_2828. wmf"、"SAM_2829jpg"、"SAM_2830. wmf""SAM_2831. bmp"、"SAM_2832. gif"、"SAM_2833. wmf"这 14 个文

件勾选,单击"下一步"按钮。

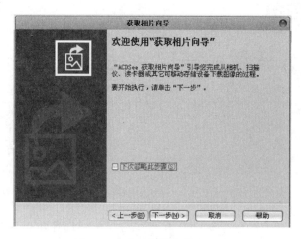

图 1 - 9 - 2 获取相片向导一

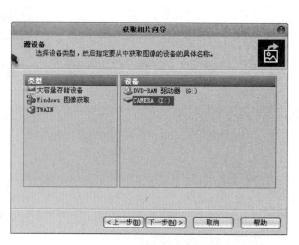

图 1 - 9 - 3 获取相片向导二

图 1 - 9 - 4 获取相片向导三

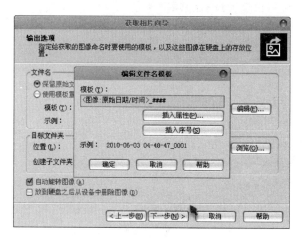

图 1 - 9 - 5 获取相片向导四

(5)在"获取相片向导"对话框中(见图 1 - 9 - 5),ACDSee 默认会在"我的文档"→"我的图片收藏"文件夹中建立一个以当前日期命名的文件夹(如:2012 - 11 - 10),并将图像文件保存在其中。不要更改这些默认设置,直接单击"下一步"按钮。

(6)ACDSee 开始复制选择的文件(见图 1 - 9 - 6),等待复制结束之后选中"浏览新图像"复选框(见图 1 - 9 - 7),单击"完成"按钮。此时已将所有选择的图像导入至指定文件夹中,ACDSee 会使用相片管理器打开图像所有文件夹,进行新图像的浏览。

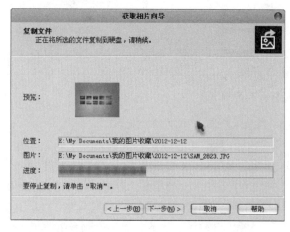

图 1 - 9 - 6 获取相片向导五

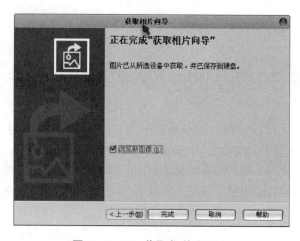

图 1 - 9 - 7 获取相片向导六

2. 图像的浏览。

(1) ACDSee 相片管理器窗口的查看模式。

在相片管理器窗口菜单栏中的"视图"→"视图"命令中选择查看模式为"详细信息"或按快捷键[F12],找到图像大小为 2,227 KB 的文件,其文件名为:_____。

在菜单栏中的"视图"→"视图"命令中选择查看模式为"略图"(或按快捷键[F8])找到图像内容是照片墙的文件,其文件名为_____。

(2) 位图与矢量图。

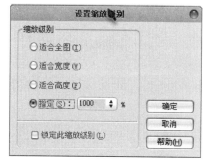

图 1 - 9 - 8　设置缩放级别

在相片管理器窗口中双击"SAM_2827.jpg"文件,进入查看器窗口,右击图片,选择快捷菜单中"缩放"→"缩放到…"命令,在弹出的"设置缩放级别"对话框中选择缩放级别为"指定:1000％"(见图 1 - 9 - 8),即放大 10 倍,此时图片已变得模糊不清,关闭查看窗口,返回 ACDSee 相片管理器窗口。

在相片管理器窗口中双击"SAM_2828.wmf"文件,同样设置放大 10 倍,此时图像边缘仍然清晰。这是因为"SAM_2828.wmf"是矢量图像而"SAM_2827.jpg"是位图。

比较 SAM_2830.wmf、SAM_2829.jpg 这两个图像文件,_____是位图,_____是矢量图。矢量图和位图相比,_____色彩逼真。

(3) 查看不同分辨率的图像。

在相片管理器窗口中查看"SAM_2830.jwmf"、"SAM_2833.jwmf"这两个图像文件(分别见图 1 - 9 - 9 和图 1 - 9 - 10),发现两个文件内容相同,分别选中单个文件,在相片管理器下方的状态栏显示分辨率参数为_____、_____,同时选中两个文件,选择菜单栏中的"工具"→"比较图像"命令,使用工具栏中的放大按钮多次放大图像,比较发现,文件放大多次后仍然较清晰,这是因为该图像文件分辨率较高。

图 1 - 9 - 9　"SAM_2830.jwmf"1024×768b

图 1 - 9 - 10　"SAM_2833.jwmf"640×480b

3. 图像的批量处理。

(1) 批量转换文件格式。

在相片管理器窗口中选中"SAM_2831.bmp"、"SAM_2830.wmf"、"SAM_2832.gif"这 3 个不同图像格式的文件,选择菜单栏中的"工具"→"转换文件格式"命令,在弹出的"批量转换格式"对话框(见图 1 - 9 - 11)中选择"JPG"格式,单击"下一步"按钮,在"输出设置选项"对话框中保持"将修改后的图像放入原文件夹"的默认设置,单击"下一步"按钮,在"设置多页格式"对话框中单击"开始转换"按钮,转换结束后单击"完成"按钮。转换后的图像文件存放在原文件夹中,比较转换前后的文件,发现一般 JPG 格式的文件占用磁盘空间_____。

(2) 批量调整图像大小。

在相片管理器窗口中选中"SAM_2831.bmp"、"SAM_2830.wmf"、"SAM_2832.jif"这 3 个文件,选择菜单栏中的"工具"→"调整图像大小"命令,在弹出的"批量调整图像大小"对话框(见图 1 - 9 - 12)中选择"以像素计的大小"设置"宽度"为 800,勾选下方的"保持原始的纵横比",在"适合"处选择"仅限宽度",单击"开始调整大小"按钮,ACDSee 将选中图像按原有比例生成宽度为 800 像素的新文件,新文件名在原有文件名后加"调整大小"以示区别。

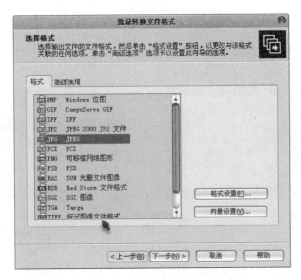
图 1-9-11　批量转换文件格式

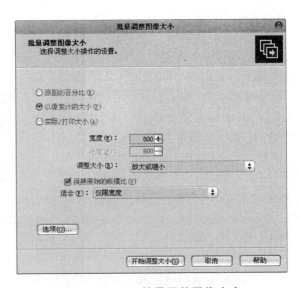
图 1-9-12　批量调整图像大小

活动 10

多媒体信息处理——主题班会背景图片的制作

一、活动目的

1. 掌握 Photoshop 中图像的截取方法。
2. 掌握 Photoshop 中的图层样式。
3. 掌握 Photoshop 中添加文字的方法。

二、活动任务

临近毕业,班级同学准备以此为主题组织一次主题班会,你要为这次主题班会制作一张展翅高飞的背景图片,在制作过程中掌握使用 Photoshop 编辑图像素材的方法。

三、参考操作步骤

1. 启动 Adobe Photoshop cs2,选择菜单栏中"文件"→打开"命令"选择配套素材中"活动10\TK1.JPG"和"TK2.JPG"文件,单击"打开"按钮。

2. 使用主菜单(左侧)中的"移动工具",将"TK1.JPG"拖到"TK2.JPG"之上,并调整好位置(见图 1-10-1)。

3. 双击图层 0 进行解锁(见图 1-10-2)。

图 1-10-1　PhotoShop 主界面

图 1-10-2　图层

4. 把图层1的不透明度调到40%。

5. 选择菜单栏中"文件"→打开"命令",选择配套素材中"活动10\xn.jpg"文件,单击"打开"按钮。

6. 选择工具栏"魔棒工具"，容差调为40,选中蓝色区域,然后点击菜单栏"选择"→"反向"(见图1-10-3),然后再"选择"→"修改"→"收缩",收缩量为2像素,然后点击"确定"(见图1-10-4)。

图 1-10-3 反向操作

图 1-10-4 收缩操作

图 1-10-5 自由变换操作

7. 用移动工具把选中的小鸟部分拖到"TK1.jpg"。

8. 点击菜单栏中的"编辑"→"自由变换"(见图1-10-5),调整图片大小,放到适当位置。

9. 点击工具栏中的"横排文字编辑"工具,输入文字"展翅高飞"字样。文字式样:黑体,100点。字体颜色:R:0 G:99 B:154,将文字放至适当位置(见图1-10-6)。

图 1-10-6 输入文字

10. 选择菜单栏"图层"→"图层样式"→"投影"(见图1-10-7),混合模式:正片叠底;不透明度:75%;角度:30度,采用全局光;距离:7像素;扩展:8%;大小:10像素,点击确定。

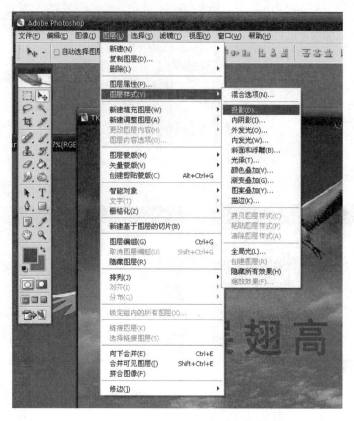

图 1-10-7 文字图层设置

11. 选择菜单栏"文件",点击保存,储存照片,文件名为: zcgf.jpg。

活动 11

多媒体信息处理——**个人唱片的制作**

一、活动目的

1. 掌握使用 Adobe Audition 去除音频文件中人声的方法。
2. 掌握 Adobe Audition 中声音的录制。
3. 掌握 Adobe Audition 中音频的处理与合成。

二、活动任务

公司准备举行卡拉 OK 大赛,作为参赛选手,你需要提供一份自己演唱的音乐小样,在制作过程中掌握使用 Adobe Audition 处理音频文件的方法。

三、参考操作步骤

1. 试听音乐小样分析思考。

播放配套素材中"活动 11\飞得更高(原版).mp3"和"飞得更高(小样).mp3"文件进行试听,思考制作的步骤。

2. 去除音频文件中的人声。

(1) 启动 Adobe Audition3.0,选择菜单栏中"视图"→"编辑视图"命令,将主窗口切换成编辑视图,选择菜单栏中"文件"→"打开"命令,选择"飞得更高(原版).mp3",单击"打开"按钮,此时"主群组"面板中将显示音频文件的波形图(见图 1-11-1)。

(2) 选择菜单栏中"效果"→"立体声声像"→"声道重混缩"命令,在弹出的对话框(见图 1-11-2)中选择预设效果为"Vocal Cut",设置"新建左声道"下的参数为左声道：100％,右声道：－100％,设置"新建右声道"下的参数为左声道：－100％,右声道：100％,并勾选"反向"复选框,单击下方的预览播放按钮进行试听,发现音频文件中人声已基本去除,单击"确定"返回。

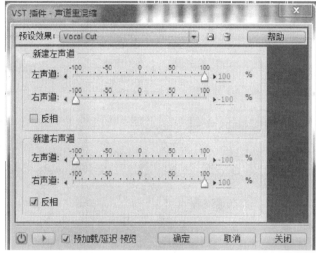

图 1 - 11 - 1 音频文件波形图   图 1 - 11 - 2 声道音频设置

(3) 选择菜单栏中"文件"→"另存为"命令,将处理过的音频文件以"飞得更高(音乐伴奏).mp3"为名保存在"我的文档中"。

3. 声音的录制。

(1) 将耳麦的音频的话筒插头正确连接到计算机声卡上,选择 Adobe Audition3.0 菜单栏中"选项"→"Windows 录音控制台"命令,在弹出的"录音控制"窗口中勾选"麦克风音量"下方的"选择"复选框,并将滑竿调整到适当的位置,关闭窗口。

(2) 选择菜单栏中"视图"→"多轨视图"命令,将主窗口切换到多轨视图,选中左侧文件面板列表下的"飞得更高(音乐伴奏).mp3"拖入"音轨 1"见图(1 - 11 - 3),单击工具栏中"移动/复制"剪辑工具,将影片移至音轨开始处。选择菜单栏中"文件"→"保存会话命令",将会话文件以"音乐小样.ses"为名保存在"我的文档"中。

(3) 单击"音轨 2"面板上的"录音备用"按钮,在弹出的"备用非 ASIO 设备"对话框中单击"确定"按钮,此时"录音备用"会变成红色,佩戴耳麦准备好之后,单击主窗口传送面板(见图 1 - 11 - 4)上的录音按钮,配合危机中的伴奏进行演唱录音,录音完后再次单击"录音"按钮停止录音。

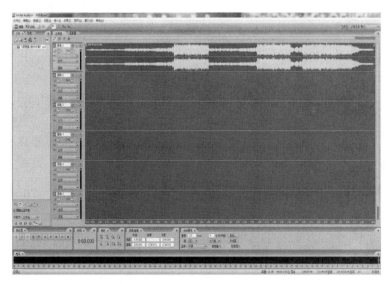
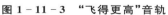

图 1 - 11 - 3 "飞得更高"音轨   图 1 - 11 - 4 录音面板

(4) 在传送器面板单击"转到开始或上一个标记"按钮,回到音轨开始处,单击"从指针处播放至文件结尾处"按钮进行试听,若不满意可使用"移动/复制"剪辑工具,选中录音,按下删除键,重新录制。

(5) 若没有合适的录音,可选菜单栏中"文件"→"导入"命令,将"录音.mp3"文件导入,并从文件面板拖至音轨2,使用"移动/复制"剪辑工具将录音移至音轨开始处。

4. 音轨的处理与合成。

(1) 音轨过程难免有些杂音,需要进行降噪处理。双击文件面板列表下的"录音.mp3"文件进入编辑视图,单击工具栏中的"时间选择"工具,选中文件录音起始处一段没有人声的噪音波形(见图1-11-5),选择菜单栏中"效果"→"修复"→"降噪器(进程)"命令,在弹出的对话框中单击"获取特性"按钮,稍后会显示捕获的噪音特性曲线(见图1-11-6),单击"关闭"按钮返回(注意不是"确定"按钮)。

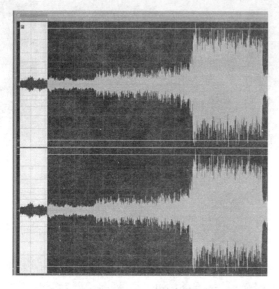

图1-11-5　噪音波形

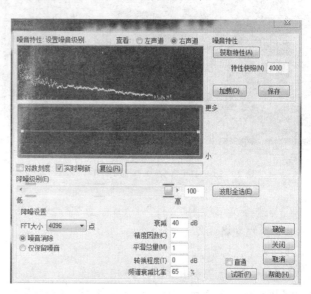

图1-11-6　降噪处理

(2) 使用"时间选择"工具在录音文件波形上单击,取消噪音波形的选择,再次选择菜单栏中:"效果"→"修复"→"降噪器(进程)"命令,在弹出的对话框中单击"确定"按钮开始降噪处理,处理结束后发现波形图上的背景噪音已基本去除。

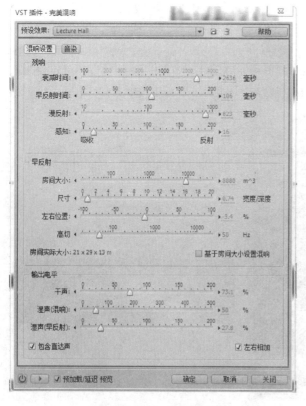

图1-11-7　混声设置

(3) 试听后发现人声有些发干,效果略显不足,需要增加一些混响效果,选择菜单栏"效果"→"混响"→"完美混响"命令,在弹出的对话框(见图1-11-7)中设置"混声(混响)"为"50%",单击下方的预览播放按钮进行试听,试听过程中可单击效果开关按钮,比较原声与混响效果的区别,确认无误后单击"确定"按钮开始混响处理。

(4) 处理完毕后选择菜单栏中"文件"→"另存为"命令,将处理过的录音文件以"录音(混响).mp3"为名保存在"我的文档"中。

(5) 进入多轨视图(见图1-11-8),播放最终合成效果,根据需要可调整伴奏或录音对应音轨面板上的音量,以达到合适的效果。

(6) 选择菜单栏"文件"→"导出"→"混缩音轨"命令,将合成的音轨文件以"飞得更高(音乐小样).mp3"为名导出至"我的文档"中。

(7) 进入多轨视图,选择菜单栏中"文件"→"保存会话"命令,便于以后继续进行编辑。

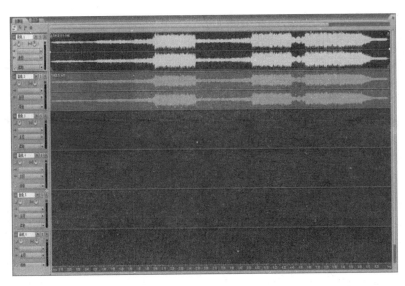

图 1 - 11 - 8　多轨视图

活动 12

多媒体信息处理——动漫欣赏 DVD 的制作

一、活动目的

1. 掌握使用绘声绘影添加视频标题的方法。

2. 掌握使用绘声绘影合成图像素材的步骤。

3. 掌握使用绘声绘影编辑合成声音、音乐的方法。

二、活动任务

学校组织以动漫为主题的创意比赛,作为参赛选手,你需要制作一张能在 DVD 机上播放的动漫欣赏光盘。在制作过程中掌握使用绘声绘影加工视频文件的方法。

三、参考操作步骤

1. 观看样张及思考。

(1) 打开素材中"活动 12\动漫欣赏.mpg",观看样例效果,并查看文件夹中所有图像素材,思考制作步骤。

2. 图像素材的合成。

(1) 启动 Corel VideoStudio 12 简体中文版,选择"影片向导"模式(见图 1 - 12 - 1)。

(2) 在"影片向导"窗口左侧的"插入图像"处单击,在"添加图像素材"对话框中选择素材文件夹"活动 12"中"image1.jpg"至"image24.jpg"共 24 个图像文件,单击"打开"按钮,此时系统会导入图像素材,导入成功后会在窗口中显示(见图 1 - 12 - 2),此时可进行图像素材的排序、删除等操作,确认无误后单击"下一步"按钮。

(3) 在"影片向导"窗口左侧的"主题模板"处(见图 1 - 12 - 3)选择"相册",在下方列表中选择"常规 03"样式,在右下方的设置区单击"设置影片

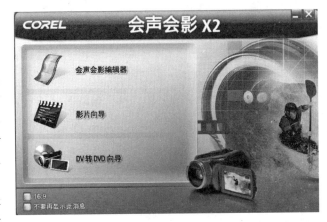

图 1 - 12 - 1　向导模式

图 1-12-2　导入影片

图 1-12-3　影片主题模板

区间"按钮 ，在"设置"对话框中设置"更改图像素材的区间"为 4 秒(见图 1-12-4),单击"确定"按钮返回。

3. 片头视频的制作与背景音乐的设置。

(1) 在"影片向导"窗口的设置区中,选择"标题"右侧下拉式列表中的"动漫欣赏",双击预览窗口中的文字,输入文字"动漫欣赏",单击设置区"标题"右侧的"文字属性"按钮 ，在"文字属性"对话框中设置字体为"华文行楷",大小为"55"(见图 1-12-5),单击"确定"按钮返回,在预览窗口将文字移动到合适位置(见图 1-12-3)。

(2) 在"影片向导"窗口中,单击"背景音乐"右侧的"加载背景音乐"按钮 ，在"音频选项"对话框中删除原有音频文件,单击上方的"添加音频"按钮,在"打开音频文件"对话框中选择素材文件夹"活动 12\动漫欣赏背景音乐(轻音乐).wma"文件,单击"打开"按钮,此时所选的音频文件出现在"音频选项"对话框的列表中(见图 1-12-6),单击"确定"按钮,返回"影片向导"窗口,单击"下一步"按钮。

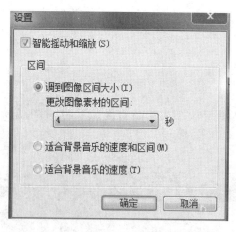
图 1-12-4　设置影片

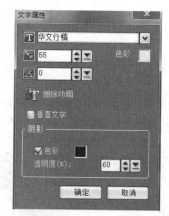
图 1-12-5　设置片头文字

图 1-12-6　音频选项

(3) 在"影片向导"口选"Corel 绘声绘影编辑器中编辑",在弹出的对话框中选择"是",打开绘声绘影编辑器(见图 1-12-7)。

4. 声音文件的合成。

(1) 在绘声绘影编辑器中,单击预览窗口下方的"将媒体文件插入到时间轴"按钮 ，在弹出的菜单中选择"插入音频"\"到声音轨",在弹出的"打开音频文件"对话框中选择素材文件夹"活动 12\动漫欣赏歌词.mp3"文件,单击"打开"按钮。此时声音文件会添加到声音轨当中。

(2) 单击视频上方的"将项目调整到窗口大小"按钮 ，使所有素材全部显示在视频轨中。

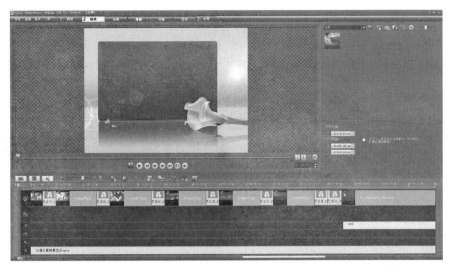

图 1 - 12 - 7　绘声绘影编辑器

（3）在声音轨上选中声音文件，对"动漫欣赏歌词.mp3"做剪辑，在视频 `00:00:08:00` 时标记，右键"动漫欣赏歌词.mp3"文件，选择 `剪切素材` ，在视频 `00:01:54:01` 时右键"动漫欣赏歌词.mp3"文件，选择 `剪切素材` ，将剩余和开头的"动漫欣赏歌词,mp3"文件右键点开 `删除` 。并在窗口右侧的"音乐和声音"标签中设置"素材音量"为 50，背景音乐素材 10，设置右键设置淡入淡出（如图 1 - 12 - 8）。

5．预览最终效果。

（1）在绘声绘影编辑器中，单击预览窗口下方的"项目" ，进入项目模式，单击"起始"按钮 ⏮，回到项目起始处，单击"播放修整后的素材"按钮，对当前视频效果进行预览。

✔ 淡入
✔ 淡出

图 1 - 12 - 8 淡入淡出处理

（2）若对图像素材的转场效果不满意，可在预览窗口右侧的下拉式列表选择"转场"中效果项，在下方选择合适的效果，拖拽到视频轨中覆盖原有的转场效果。

6．创建视频文件或 DVD 光盘。

（1）在绘声绘影编辑器中，单击"分享"菜单项，在预置窗口右侧选择"创建视频文件"，在弹出的菜单中选择"DVD/VCD/SVCD/MPEG"\"PAL.DVD(4：3)"（见图 1 - 12 - 9），弹出的"创建视频文件"对话框中选择视频文件保存"我的文档"中，并输入文件名"动漫欣赏.mpg"，单击"保存"按钮，系统会对当前的项目进行渲染，并将生成的视频文件保存在指定位置。

（2）若选择"创建光盘"\"DVD"，可以按照光盘向导的提示，单击"下一步"按钮，选择系统默认的模板（见图 1 - 12 - 10），单击"下一步"按钮，在光盘刻录窗口，单击"刻录"按钮，即可将当前视频刻录至光盘。

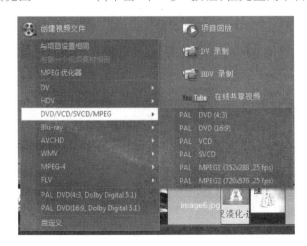

图 1 - 12 - 9　创建视频文件

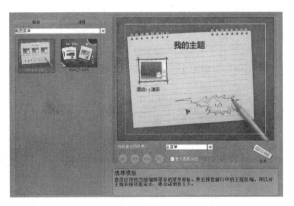

图 1 - 12 - 10　刻录

7. 保存项目。

选择"文件"菜单项中的"保存",将当前编辑的项目以"动漫欣赏.VSP"为名保存在"我的文档"中。

活动 13

演示文稿——快速制作一份典型的产品宣传文稿

一、活动目的

1. 掌握电子演示文稿的快速制作。

2. 掌握图片的一般处理过程。

3. 掌握插入表格的方法。

二、活动任务

使用电子演示文稿制作软件,采用合适的统一模板,制作简单的数码相机演示文稿,要求对图片进行效果处理。

参考样张如图 1-13-1 所示。

图 1-13-1 活动 13 参考样张

三、参考操作步骤

1. 新建 PPT 文档,确定幻灯片版式。

(1) 运行 PowerPoint2010,点击文件中新建命令,选定空白演示文稿作为第一张幻灯片。选定"标题和内容"作为后面四张灯片。

(2) 在 PowerPoint2010 主界面中单击"设计"选项卡,在"主题"工具组中单击右下角按钮,参见图 1-13-2"主题"工具组。

图 1-13-2 主题工作组

（3）在弹出下拉式列表中选择合适的主题,本例选"凸出"主题。参见图 1 - 13 - 3。

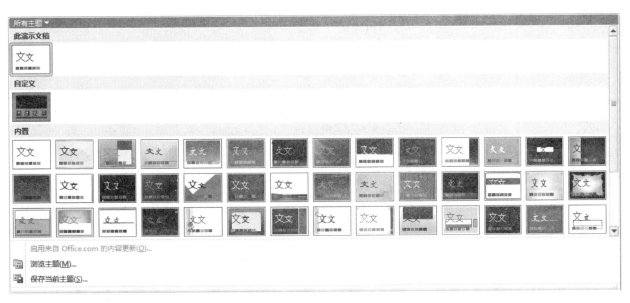

图 1 - 13 - 3　选择主题

2. 编辑第一张幻灯片。

（1）在第一张幻灯片中分别插入标题"Canon 数码照相机——佳能 EOS 1Ds Mark III",

参考图 1 - 13 - 1 插入二张佳能 EOS 1Ds Mark III 的图片,插入关于后面几张幻灯片主题的文本。

（2）编辑第一张幻灯片中的图片。选中第一张图片,在 PowerPoint2010 主界面中单击图片工具下面"格式"选项卡,在"图片样式"工具组中单击"其他"按钮,弹出所有图片样式,选择最后一个样式。参见图1 - 13 - 4。

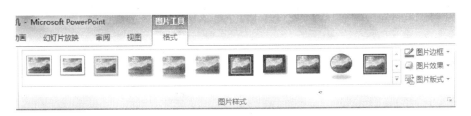

图 1 - 13 - 4　选择图片样式

（3）对图片进一步美化。单击"图片边框"按钮,弹出主题选择对话框,如图 1 - 13 - 5,可以选择适当的颜色。单击"图片效果"按钮,弹出图片效果选择对话框,如图 1 - 13 - 6。选择"发光",弹出发光效果选择对话框,如图 1 - 13 - 7 所示,选择"橙色,11,pt 发光,强调文字颜色 1"。同理可以完成第二张图片效果处理。

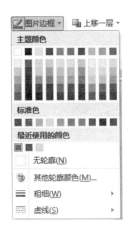  

图 1 - 13 - 5　设置图片边框　　图 1 - 13 - 6　图片效果　　图 1 - 13 - 7　"发光"效果选择

图 1-13-8
插入表格

3. 编辑第二、三张幻灯片。方法同上。

4. 编辑第四张幻灯片。

(1) 在 PowerPoint2010 主界面中单击"插入"选项卡,在"表格"工具组中单击"表格"按钮。弹出表格对话框。参见图 1-13-8。

(2) 在弹出对话框中单击"插入表格"项,弹出插入表格对话框,输入列数：4;输入行数：8。参见图 1-13-9。可以将有关内容输入进去。

(3) 表格格式化。选中表格,在 PowerPoint2010 主界面中弹出表格工具,单击"设计"选项卡,在"表格样式"组中选择中度样式 2。强调 1。参见图 1-13-10。另外,对于字体和大小还可以改变。

5. 文档的保存

单击"文件"→"另存为"命令,在出现的"另存为"对话框中,选择保存位置及类型,输入文件名"Canon 数码照相机 1",单击"保存"按钮,将文档保存好。

图 1-13-9　表格大小

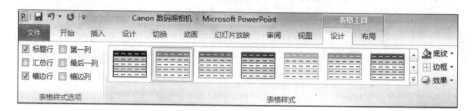

图 1-13-10　表格样式

活动 14

演示文稿——创建自由规划的产品宣传文稿

一、活动目的

1. 进一步熟悉演示文稿的自由设计。
2. 掌握幻灯片背景的设置。
3. 掌握艺术字等对象的设置。
4. 掌握文本的编辑方法。

二、活动任务

使用电子演示文稿制作软件,创建自由规划的 Canon 数码照相机新品介绍。要求演示文稿有统一风格。添加艺术字、图片等对象。参考样张如图 1-14-1 所示。

三、参考操作步骤

1. 新建 PPT 文档,确定幻灯片版式

运行 PowerPoint2010,点击文件中新建命令,选定空白演示文稿作为第一张幻灯片。选定"标题和内容"作为后面四张幻灯片。

2. 设置幻灯片背景

(1) 在 PowerPoint2010 主界面中单击"设计"选项卡,在"背景"工具组中单击"背景样式"按钮。

(2) 在弹出如图 1-14-2"设置背景样式"下拉列表中单击"设置背景格式"。

(3) 弹出如图 1-14-3"设置背景格式"对话框,在"填充"选项组中,选择"渐变填充",颜色选"红木",类型选择"标题的阴影",单击"全部应用"按钮。

3. 编辑第一张幻灯片中艺术字标题

(1) 在第一张幻灯片中插入标题"Canon 数码照相机——佳能 5D Mark III"。

 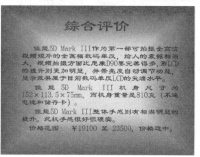

图 1－14－1 活动 14 参考样张

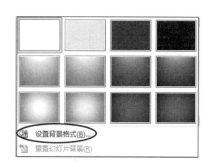

图 1－14－2 设置背景格式下拉列表　　　图 1－14－3 设置背景格式

（2）在 PowerPoint2010 主界面中单击"插入"选项卡，在"文本"工具组中单击"艺术字"按钮，在弹出下拉式列表中选择合适的艺术字样式，本题选择"渐变填充—紫色，强调文字颜色 4；"。通过剪切、粘贴填入标题"Canon 数码照相机——佳能 5D Mark III"。如图 1－14－4 所示。

（3）通过"形状效果"对艺术字"Canon 数码照相机——佳能 5D Mark III"进一步美化。本处选择"阴影"，如图 1－14－5 所示。

4．编辑第一张幻灯片中图片。

在 PowerPoint2010 主界面中单击"插入"选项卡，在"图像"工具组中单击"图片"按钮。插入 Canon 数码照相机——佳能 5D Mark III 图片。

5．编辑第一张幻灯片中标题。

（1）在 PowerPoint2010 主界面中单击"插入"选项卡，在"插图"工具组中单击"形状"按钮，在弹出下拉式列表中选择"星与旗帜"中的图形。如图 1－14－6 所示。

（2）输入标题文字，设置标题格式。如图 1－14－7 所示。

6．编辑第二张幻灯片。

（1）编辑输入文字内容，从素材中选取相关内容，粘贴到幻灯片中，并设置文字的字体、字号、颜色等。

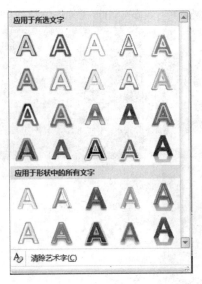

图 1-14-4 选择艺术字样式

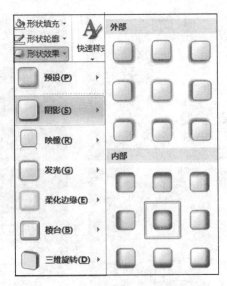

图 1-14-5 艺术字效果

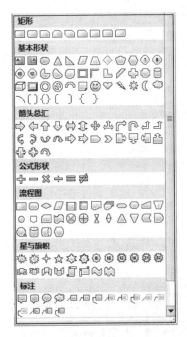

图 1-14-6 标题形状

图 1-14-7 标题格式

(2) 设置项目符号。在 PowerPoint2010 主界面中单击"开始"选项卡,在"段落"工具组中单击"项目符号"按钮。完成项目符号的设置。参见图 1-14-8。

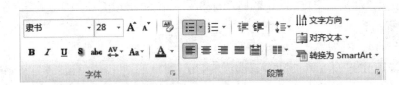

图 1-14-8 项目符号设置

7. 参考活动 13 编辑第三、四、五张幻灯片。

8. 文档的保存。

单击"文件"→"另存为"命令,在出现的"另存为"对话框中,选择保存位置及类型,输入文件名"Canon 数码照相机 2",单击"保存"按钮,将文档保存好。

活动 15

演示文稿——创建生动的产品宣传文稿

一、活动目的

1. 掌握对象的动画设置。

2. 掌握建立幻灯片超级链接的方法。

3. 设置幻灯片的切换。

二、活动任务

使用电子演示文稿制作软件,创建生动的 Canon 数码照相机新品介绍。要求在"Canon 数码照相机 2"演示文稿基础上添加动画效果,建立方便快捷的超级链接、设置幻灯片的播放切换效果。参考样张如图 1－15－1 所示。

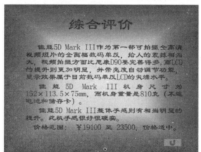

图 1－15－1　活动 15 参考样张

三、参考操作步骤

1. 运行 PowerPoint2010,点击文件中"打开"命令,打开活动 14 制作的演示文稿——"Canon 数码照相机 2.pptx"。

2. 设置超级链接。

(1)选择第一张幻灯片,选中自选图形上的"产品特点"并右击鼠标,弹出如图 1－15－2 所示快捷菜单。

(2)在快捷菜单中单击"超链接"命令,弹出如图 1－15－3 所示插入超链接对话框。

(3)在"插入超链接"对话框中,单击"本文档中的位置"选项,在右侧的"请选择文档中的位置"框中选择"幻灯片 2",使第一张幻灯片通过文字"产品特点"与标题为"产品特点"的第二张幻灯片建立超链接关系。

(4)依次建立其他三行小标题与相应幻灯片的链接关系。

3. 设置返回按钮。

(1)在 PowerPoint2010 主界面中单击"插入"选项卡,在"插图"工具组中单击"形状"按钮。如图 1－15－4 所示。

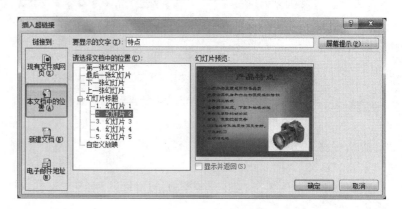

图 1-15-2　快捷菜单　　　　　　　　　图 1-15-3　插入超链接

图 1-15-4　"形状"按钮　　　　　　图 1-15-5　"形状"按钮对话框

(2) 在弹出如图 1-15-5"形状按钮"对话框中,选择"上一张"动作按钮,随即用鼠标在第二张幻灯片左下角拉出一个"上一张"动作按钮,自动弹出的"动作设置"对话框,如图 1-15-6 所示。

(3) 在"动作设置"对话框中,选择第一张幻灯片。如图 1-15-7 所示。

图 1-15-6　按钮动作设置　　　　　　图 1-15-7　按钮链接

(4) 通过"复制"、"粘贴"的方式,将"上一张"返回按钮复制到其他三张幻灯片中。

4. 设置动画方案。

(1) 选中第一张幻灯片中的艺术字标题"Canon 数码照相机——佳能 5D Mark III"。

(2) 在 PowerPoint2010 主界面中单击"动画"选项卡,在"动画"工具组中单击"形状"按钮。参见图 1-15-8。此外,还可以选择动画效果;设置动画的开始时间、播放速度、播放顺序等。

5. 设置幻灯片切换。

（1）在 PowerPoint2010 主界面中单击"切换"选项卡,弹出如图 1－15－9"切换到此幻灯片"工具组。

图 1－15－8 动画效果设置

图 1－15－9 幻灯片切换效果选择

（2）在"切换到此幻灯片"工具组中,选择需要的切换方式,本题选择"分割",并按需要修改切换效果,单击"效果选项"按钮,弹出如图 1－15－10 效果选择对话框。

（3）在效果选择对话框中选择"左右向中央展开",单击"全部应用"按钮。统一所有幻灯片的切换方式。

6. 文档的保存。

单击"文件"→"另存为"命令,在出现的"另存为"对话框中,选择保存位置及类型,输入文件名"Canon 数码照相机 3",单击"保存"按钮,将文档保存好。

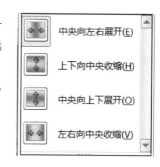

图 1－15－10
切换效果设置

活动 16

演示文稿——创建有声有色有个性的产品宣传文稿

一、活动目的

1. 掌握母版的设置和应用。
2. 掌握背景音乐的添加。
3. 对文本进行美化处理。

二、活动任务

使用电子演示文稿制作软件,创建有声有色有个性的 Canon 数码照相机新品介绍的电子演示文稿。要求设置统一的具有特色的背景,插入音乐、视频、Canon 公司的 LOGO 等。能对文本进行美化处理。参考样张如图 1－16－1 所示。

三、参考操作步骤

1. 设计幻灯片母版,确定幻灯片背景。

（1）在 PowerPoint2010 主界面中单击"视图"选项卡,弹出如图 1－16－2"母版视图"工具组。

（2）在"母版视图"工具组中单击"幻灯片母版"按钮,弹出如图 1－16－3"编辑母版"工具组。

（3）在 PowerPoint2010 主界面中单击"文件"选项卡,在弹出下拉式列表中选择"新建",弹出如图 1－16－4 窗口。

（4）在图 1－16－4 窗口中,单击"Office.com 模板"中的"幻灯片背景"按钮,则弹出如图 1－16－5 Office.com 模板对话框。

（5）在图 1－16－5 对话框中,单击"风景"按钮,弹出如图 1－16－6 选择设计模板对话框。

图 1-16-1　活动 16 参考样张

图 1-16-2　母版视图

图 1-16-3　母版编辑工作组

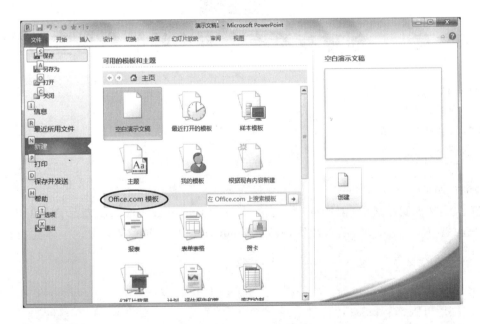

图 1-16-4　新建模板

(6) 在图 1-16-6 对话框中选择"海滨型设计模板",并单击"下载"按钮,完成幻灯片母版幻灯片背景设计。如图 1-16-7 所示。

2. 在母版中设置页脚。

在"幻灯片母版"视图中,单击"插入"选项卡,在"文本"工具组中单击"页眉和页脚"按钮,在"页眉和页脚"对话框中,单击"页脚"按钮,并输入佳能的 Logo"CANON"。

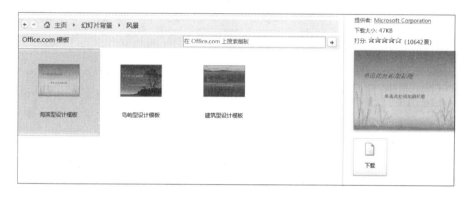

图 1-16-5　Office.com 模板对话框

图 1-16-6　选择设计模板

3．编辑第一张幻灯片。

（1）可以利用活动 15 所制作的文件"Canon 数码照相机 3"，通过"复制"、"粘贴"的方式，将标题、图片、文本等内容复制到第一张幻灯片。

（2）增加"相机展示"，"作品欣赏"，删除"产品比较"，参考如图1-16-1所示样张。

4．同理，可以完成第三、四张幻灯片。

5．编辑第二张幻灯片。

（1）插入 Canon 数码照相机第一张外形图片。

（2）分别插入 Canon 数码照相机第二、三、四张外形图片。

图 1-16-7　母版背景设计效果

（3）对四张外形图片可进行编辑和美化。参考如图 1-16-1 所示样张。

6．编辑第五张幻灯片。

（1）分别插入四张 Canon 数码照相机所拍摄的照片。

（2）对四张图片进行美化处理（利用图片工具中的"格式"选项卡进行）。

7．编辑第六张幻灯片。

（1）在 PowerPoint2010 主界面中单击"插入"选项卡，弹出如图 1-16-8"插入"工具组。

（2）在"插图"工具组中单击"形状"按钮，界面可参考图 1-15-5，弹出"形状下拉窗口"。

（3）在"形状下拉窗口"中，选择"星与旗帜"中的"竖卷形"，通过鼠标拖曳出两个图形，如图 1-16-9

所示。

（4）在两个图形中分别输入文本。

（5）对图形进行美化处理。在 PowerPoint2010 主界面中单击绘图工具"格式"选项卡,弹出如图 1-16-10"形状样式"工具组。单击"形状填充"按钮,通过"渐变"→"其他渐变"命令完成。

图 1-16-8 插入图片工具组

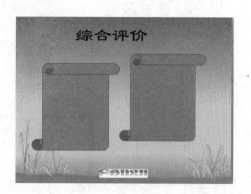

图 1-16-9 第 6 张幻灯片插图

图 1-16-10 图形形状样式设置

8. 插入背景音乐。

（1）单击第一张幻灯片,在 PowerPoint2010 主界面中单击"插入"选项卡,在"媒体"工具组中选择"音频",在弹出对话框中选择"文件中的音频"。

（2）在弹出"插入音频"对话框中选择素材中的 MUSIC 下面的音乐"佳能广告曲"。参见图 1-16-11。

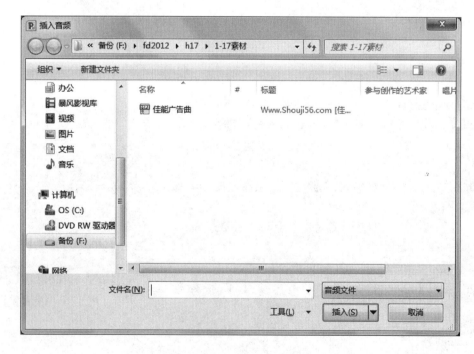

图 1-16-11 插入音频文件

（3）在弹出"音频工具"中选中"播放"选项卡,在"音频选项"工具组中进行播放效果的设置。

9. 对第二张、第五张、第六张幻灯片设置动画。请参考活动 15。

10. 文档的保存。

单击"文件"→"另存为"命令,在出现的"另存为"对话框中,选择保存位置及类型,输入文件名"Canon 数码照相机 4",单击"保存"按钮,将文档保存好。

活动 17

电子表格——期终考试成绩统计

一、活动目的

1. 掌握电子表格中数据的输入与编辑。

2. 掌握公式与函数的使用。

二、活动任务

现有某个班级学生的语文、数学、外语三门课程的期终考试成绩,保存在素材文件夹中的"期终考试成绩.xlsx"文件中。该文件有一些问题,即漏掉了两位学生的数据,首先对文件进行修正,接下来需要对这些成绩进行统计分析:统计出每个学生的平均分,将学生按照由最高分到最低分的顺序排序,写上每个学生的名次;并计算出全班每门课程的平均分、最高分、最低分。

三、参考操作步骤

1. 打开素材文件夹中的"期终考试成绩.xlsx"文件,内容如图 1-17-1 所示。

2. 编辑数据表。

(1) 插入行。

问题 1:在电子表格中,漏掉了学号为 6807 和 6814 的学生,要分别在表格的第 8 行和第 14 行之前增加一行。

鼠标右击行号 8,选择"插入",即可插入一行;选择数据区域 A26 到 E26,选择菜单"开始"→"复制";选定单元格 A8,选择菜单"开始"→"粘贴"。

鼠标右击行号 15,选择"插入";选择数据区域 A28 到 E28,选择菜单"开始"→"复制";选定单元格 A15,选择菜单"开始"→"粘贴"。

(2) 删除行。

问题 2:将原来添加在 25 行、26 行的学号为 6807 和 6814 的学生的信息删除。

鼠标右击行号 26、27、28,选择"删除",即可把这些信息删除。

编辑后的数据表如图 1-17-2 所示。

	学号	姓名	语文	数学	外语	平均分	名次
1							
2	6801	林林	74	94	88		
3	6802	赵春民	82	75	82		
4	6803	李忠品	64	67	48		
5	6804	王捷非	86	84	78		
6	6805	胡红玲	82	71	80		
7	6806	乐一	76	80	66		
8	6808	陈强	69	82	78		
9	6809	支将炜	92	78	89		
10	6810	陈琦	78	81	69		
11	6811	贾琦	54	62	34		
12	6812	刘玮瑜	71	88	83		
13	6813	朱红	85	71	82		
14	6815	潘丽蓉	89	100	98		
15	6816	沈庆	94	76	89		
16	6817	丁慧茹	83	65	77		
17	6818	陈莉	64	91	81		
18	6819	王维	59	83	75		
19	6820	朱琪	83	79	85		
20	平均分						
21	最高分						
22	最低分						
23							
24	漏掉的学生						
25	6807	章万培	80	83	72		
26	6814	姚素英	55	86	74		
27							

图 1-17-1　原始数据

	学号	姓名	语文	数学	外语	平均分	名次
1							
2	6801	林林	74	94	88		
3	6802	赵春民	82	75	82		
4	6803	李忠品	64	67	48		
5	6804	王捷非	86	84	78		
6	6805	胡红玲	82	71	80		
7	6806	乐一	76	80	66		
8	6807	章万培	80	83	72		
9	6808	陈强	69	82	78		
10	6809	支将炜	92	78	89		
11	6810	陈琦	78	81	69		
12	6811	贾琦	54	62	34		
13	6812	刘玮瑜	71	88	83		
14	6813	朱红	85	71	82		
15	6814	姚素英	55	86	74		
16	6815	潘丽蓉	89	100	98		
17	6816	沈庆	94	76	89		
18	6817	丁慧茹	83	65	77		
19	6818	陈莉	64	91	81		
20	6819	王维	59	83	75		
21	6820	朱琪	83	79	85		
22	平均分						
23	最高分						
24	最低分						
25							

图 1-17-2　删除、插入后的数据表

3. 计算全班各门课程的平均分、最高分、最低分。

(1) 计算各门课的平均分。

计算语文课的平均分:选定单元格 C22,选择菜单"公式"→"插入函数",在弹出的"插入函数"对话框中,选择"AVERAGE",单击"确定"。如图 1-17-3 所示。

在弹出的"函数参数"对话框中,选择单元格区域 C2 到 C21,如图 1-17-4 所示,单击"确定",在单元格 C22 中即求出了语文课的平均分。此时单击单元格 C22,在编辑栏会显示"=AVERAGE(C2:C21)"。

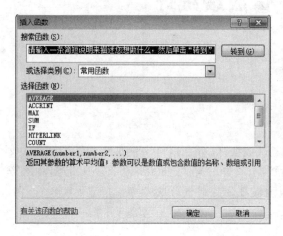

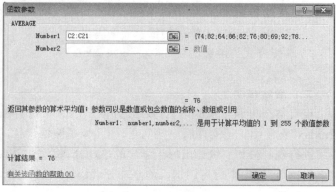

图 1-17-3 "插入函数"对话框   图 1-17-4 "函数参数"对话框

用同样的方法求出数学、英语课的平均分,或者单击单元格 C22,将鼠标放在右下角,直到出现自动填充柄(黑色十字),按住鼠标左键将其拖曳到单元格 D22 和 E22 即可完成平均分的计算。

(2) 计算每门课的最高分和最低分。计算最大值的函数为 MAX 函数,计算最小值的函数为 MIN 函数。

计算语文课的最高分:选定单元格 C23,选择菜单"公式"→"插入函数",在弹出的"插入函数"对话框中,选择"MAX",单击"确定"。在弹出的"函数参数"对话框中,选择单元格 C2 到 C21,单击"确定"即可。此时单击单元格 C23,在编辑栏会显示"=MAX(C2:C21)"。

计算语文课的最低分:选定单元格 C24,选择菜单"公式"→"插入函数",在弹出的"插入函数"对话框中,选择"MIN"(如无此函数,则首先选择类别为"全部",然后在下拉列表中选择函数 MIN),单击"确定"。在弹出的"函数参数"对话框中,选择单元格 C2 到 C21,单击"确定"即可。此时单击单元格 C24,在编辑栏会显示"=MIN(C2:C21)"。

用同样的方法分别计算出数学、英语课的最高分和最低分。

4. 计算每个学生的平均分。

选定单元格 F2,选择菜单"公式"→"插入函数",在弹出的"插入函数"对话框中,选择"AVERAGE",单击"确定"。在弹出的"函数参数"对话框中,选择单元格区域 C2 到 E2,单击"确定"即可。此时单击单元格 F2,编辑栏会显示"=AVERAGE(C2:E2)"。

使用自动填充功能完成其他学生平均分的计算。计算结果如图 1-17-5 所示。

	学号	姓名	语文	数学	外语	平均分	名次
1							
2	6801	林林	74	94	88	85	
3	6802	赵春民	82	75	82	80	
4	6803	李忠品	64	67	48	60	
5	6804	王捷非	86	84	78	83	
6	6805	胡红玲	82	71	80	78	
7	6806	乐一	76	80	66	74	
8	6807	章万培	80	83	72	78	
9	6808	陈强	69	82	78	76	
10	6809	支梓伟	92	78	89	86	
11	6810	陈琦	78	81	69	76	
12	6811	贾琦	54	62	34	50	
13	6812	刘玮瑜	71	88	83	81	
14	6813	朱红	85	71	82	79	
15	6814	姚素英	55	86	74	72	
16	6815	潘国蓉	89	100	98	96	
17	6816	沈庆	94	76	89	86	
18	6817	丁慧茹	83	65	77	75	
19	6818	陈莉	64	91	81	79	
20	6819	王维	59	83	75	72	
21	6820	朱琪	83	79	85	82	
22	平均分		76	80	76		
23	最高分		94	100	98		
24	最低分		54	62	34		

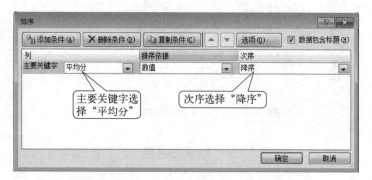

图 1-17-5 平均分与最高分、最低分   图 1-17-6 "排序"对话框

5. 按照平均分进行排序。

选定数据区域 A1 到 F21,选择菜单"数据"→"筛选和排序"→"排序",按图 1－17－6 设定"排序"对话框。

6. 输入学生的名次。

方法一:使用序列填充。在单元格 G2 中输入 1,选择菜单"开始"→"编辑"→"填充"→"序列",在弹出的"序列"对话框中进行设置,如图 1－17－7 所示。

方法二:使用自动填充柄填充。在单元格 G2 中输入 1,在单元格 G3 中输入 2,选中单元格 G2 和 G3,将鼠标放在 G3 单元格的右下角,出现自动填充柄(黑色十字)时,按住鼠标左键将其拖曳到单元格 G21 即可,结果如图 1－17－8 所示。

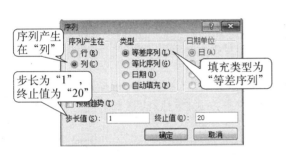

	A	B	C	D	E	F	G
1	学号	姓名	语文	数学	外语	平均分	名次
2	6815	潘丽蓉	89	100	98	96	1
3	6809	支将炜	92	78	89	86	2
4	6816	沈庆	94	76	89	86	3
5	6801	林林	74	94	88	85	4
6	6804	王捷非	86	84	78	83	5
7	6820	朱琪	83	79	85	82	6
8	6812	刘珏瑜	71	88	83	81	7
9	6802	赵春民	82	75	82	80	8
10	6813	朱红	85	71	82	79	9
11	6818	陈莉	64	91	81	79	10
12	6807	章万培	80	83	72	78	11
13	6805	胡红玲	82	71	80	78	12
14	6808	陈强	69	82	78	76	13
15	6810	陈琦	78	81	69	76	14
16	6817	丁慧茹	83	65	77	75	15
17	6806	乐一	76	80	66	74	16
18	6819	王维	59	83	75	72	17
19	6814	姚素英	55	86	74	72	18
20	6803	李忠品	64	67	48	60	19
21	6811	贾琦	54	62	34	50	20
22	平均分		76	80	76		
23	最高分		94	100	98		
24	最低分		54	62	34		

图 1－17－7 "序列"对话框   图 1－17－8 期终考试成绩统计结果

7. 保存并关闭"期终考试成绩.xlsx"文件。

活动 18

电子表格——中等职业学校发展趋势统计

一、活动目的

1. 掌握电子表格的格式设置。

2. 掌握数据图表的创建与编辑。

二、活动任务

根据素材文件夹中的"各级各类学校数.docx"、"各级各类学校在校学生数.docx"、"各级各类学校专任教师数.docx"三个文件,设计统计表"职业学校的发展趋势统计表.xlsx",表格中应该包含 1990、1995、2000、2005、2010 年职业学校的学校数、专任教师数、在校学生数,利用公式计算这五年职业学校专任教师与学生人数的师生比,并创建相应的统计图来反映职校师生数量的发展变化趋势。

三、参考操作步骤

1. 设计电子表格。根据活动任务要求,设计"职业学校的发展趋势统计表",表格内容如图 1－18－1 所示。

2. 电子表格中数据的输入与编辑。依次打开"各级各类学校数.docx"、"各级各类学校在校学生数.docx"、"各级各类学校专任教师数.docx"三个文件,从文件中将相应的数据筛选出来,输入到图 1－18－1"职业学校的发展趋势统计表"中,如图 1－18－2 所示。

3. 使用公式计算师生比。

(1) 在 B6 单元格中输入:"＝B4/B5",按回车键,计算出 1990 年职业学校的师生比。

职业学校的发展趋势统计表					
指标	1990年	1995年	2000年	2005年	2010年
学校数（单位：所）					
专任教师数（单位：万人）					
在校学生数（单位：万人）					
师生比					

图 1－18－1　设计职业学校的发展趋势统计表

职业学校的发展趋势统计表					
指标	1990年	1995年	2000年	2005年	2010年
学校数（单位	9164	10147	8849	6423	5273
专任教师数（单	22.4	29.2	32	30.3	30.9
在校学生数（单	295	448.3	503.2	625.6	729.8
师生比					

图 1－18－2　输入数据

职业学校的发展趋势统计表					
指标	1990年	1995年	2000年	2005年	2010年
学校数（单位：	9164	10147	8849	6423	5273
专任教师数（单	22.4	29.2	32	30.3	30.9
在校学生数（单	295	448.3	503.2	625.6	729.8
师生比	0.075932	0.065135	0.063959	0.048434	0.04234

图 1－18－3　师生比计算结果

（2）将该公式复制到 C6 到 F6 单元格，或使用自动填充柄，计算出其他年份职业学校的师生比。计算结果如图 1－18－3 所示。

4. 对电子表格进行格式设置。

（1）设置表格标题的对齐方式。选中单元格 A1 到 F1，选择菜单"开始"→"合并后居中"。

（2）设置表格内容的对齐方式。选择单元格 A2 到 A6，选择菜单"开始"→"自动换行"。

（3）设置数据的显示方式。选择单元格 B6 到 F6，右击弹出"设置单元格格式"对话框，将数字的格式改为"百分比"，只显示 1 位小数。如图 1－18－4 所示。

（4）设置行高和列宽。拖动行号或列号之间的分隔线，调整行高、列宽至合适的大小。

（5）设置表格数据的字体、表格边框等。选择需要修改格式的数据区域，右击，选择"设置单元格格式"命令，在弹出的"设置单元格格式"对话框，修改单元格内容的对齐方式、字体、边框和填充色等。格式设置结果如图 1－18－5 所示。

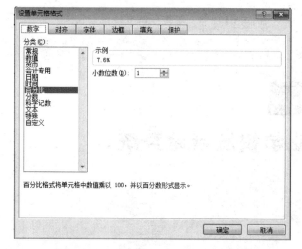

图 1－18－4　"设置单元格格式"对话框

职业学校的发展趋势统计表					
指标	1990年	1995年	2000年	2005年	2010年
学校数（单位：所）	9164	10147	8849	6423	5273
专任教师数（单位：万人）	22.4	29.2	32	30.3	30.9
在校学生数（单位：万人）	295	448.3	503.2	625.6	729.8
师生比	7.6%	6.5%	6.4%	4.8%	4.2%

图 1－18－5　数据表格式设置结果

5. 创建统计图，分析职业学校师生数量的发展趋势。

在电子表格软件中，可以创建不同类型的统计图。其中折线图能清晰地表达事物的变化趋势，因此可以创建折线图来反映职业学校师生数量的发展趋势。

（1）创建统计图。

选定单元格 A2 到 F2，按住[Ctrl]键，选定单元格 A4 到 F4，和单元格 A5 到 F5。

选择菜单"插入"→"图表"→"折线图"，选择一个二维折线图，默认生成的折线图如图 1－18－6 所示。

（2）设置统计图各部分的格式。

单击统计图，菜单栏上会出现"图表工具"菜单，可以设置图表各部分的格式。

选择"设计"选项卡，在"图表布局"中设置图表的布局，显示出图表标题和图例。将图表标题修改为"职业学校师生数量的发展趋势图"，并设置字体的格式。还可以选择喜欢的图表样式。

选择"布局"选项卡，选择"标签"→"数据标签"，在折线的上方添加数据标签。

可以按照自己的设计进行格式的设置,设置结果如图1-18-7所示。

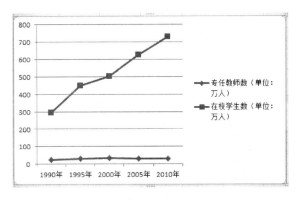

图1-18-6 二维折线统计图

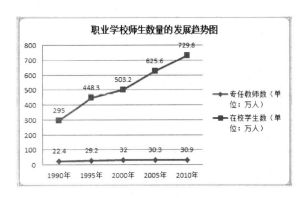

图1-18-7 图表的格式设置结果

6. 保存并关闭"职业学校的发展趋势统计表.xlsx"文件。

活动19

电子表格——中学生水资源保护知识和意识调查分析

一、活动目的
掌握数据的分类汇总。

二、活动任务
"中学生水资源保护知识和意识"研究小组开展了中学生水资源保护意识的调查,调查的初步结果保存在素材中的"水资源保护知识和意识.xlsx"文件中。本活动需要对初步的调查结果作进一步的处理:统计出各个班级的水资源保护知识和水资源保护意识的平均分;统计出不同性别的学生水资源保护知识和水资源保护意识的平均分;统计出学生家长的水资源保护知识和水资源保护意识的平均分。通过统计,分析学生水资源保护知识和水资源保护意识与学生的性别、年龄、家长的学历等是否有一定的关联。

三、参考操作步骤
1. 打开"水资源保护知识和意识.xlsx"文件,内容如图1-19-1所示。

2. 按班级分类统计出每个年级、每个班级学生水资源保护知识和意识的平均分。

(1) 选定单元格A2到F98。

(2) 要按班级分类统计,首先要按班级进行排序。

选择菜单"数据"→"排序和筛选"→"排序",在弹出的"排序"对话框中,"主要关键字"选择"班级","排序依据"选择"数值","次序"选择"升序",单击"确定"。

(3) 选择菜单"数据"→"分级显示"→"分类汇总",对弹出的"分类汇总"对话框进行设置,如图1-19-2所示。

分类汇总之后,在电子表格的左侧增加了一列大纲级别,该列顶部的按钮"123"为大纲级别按钮,他们用来设置数据的不同显示方式。

图1-19-1 原始数据

(4) 单击大纲级别按钮"2",只显示该表中的各个班级的水资源保护知识和水资源保护意识的平均值。如图1-19-3所示。

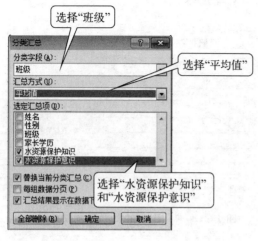

图 1 - 19 - 2 "分类汇总"对话框

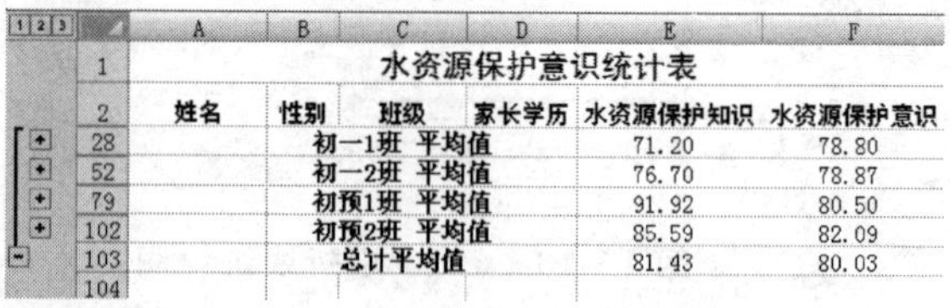

图 1 - 19 - 3 分类汇总的统计结果

3. 按性别分类统计出男、女不同性别学生水资源保护知识和意识的平均分。

(1) 选择菜单"数据"→"分级显示"→"分类汇总",在弹出的"分类汇总"对话框中,单击"全部删除"按钮,取消前面的分类汇总。

(2) 要按性别分类统计,必要先按"性别"进行排序。选择菜单"数据"→"排序和筛选"→"排序",在弹出的"排序"对话框中,"主要关键字"选择"性别","排序依据"选择"数值","次序"选择"升序",单击"确定"按钮。

(3) 选择菜单"数据"→"分级显示"→"分类汇总",在弹出的"分类汇总"对话框中,"分类字段"为"性别","汇总方式"为"平均值","选定汇总项"为"水资源保护知识"和"水资源保护意识"。

水资源保护知识,男生平均值为:＿＿＿＿＿＿＿＿＿,

女生平均值为:＿＿＿＿＿＿＿＿。

水资源保护意识,男生平均值为:＿＿＿＿＿＿＿＿＿,

女生平均值为:＿＿＿＿＿＿＿＿。

4. 按家长学历分类,统计出家长学历不同的学生水资源保护知识和意识的平均分。方法同3。

5. 分析统计结果,分析学生水资源保护知识和水资源保护意识与学生的性别、年龄、家长的学历等是否有一定的关联。

活动 20

网页设计——毕业生个人简历（一）

一、活动目的

1. 掌握 Dreamweaver 中内容的输入与编辑。

2. 掌握 Dreamweaver 中背景图片的使用。

二、活动任务

毕业生个人简历往往是招聘单位了解人的第一个途径。一份好的简历,可以在众多的求职简历中脱颖而出,给招聘人员留下深刻的印象,是应聘成功的敲门砖。

利用 Dreamweaver 网页制作软件,设计制作一张自己的毕业生个人简历的网页,如图 1 - 20 - 1,要求该网页能使浏览者了解你的各方面情况,包括:个人基本信息、英语水平、计算机水平、教育背景、获奖情况、实习经历等。

三、参考操作步骤

1. 输入标题,并设定标题的格式。

(1) 启动 Dreamweaver 新建网页,在设计视图下输入个人简历的各项信息,并保存为"index. html"。

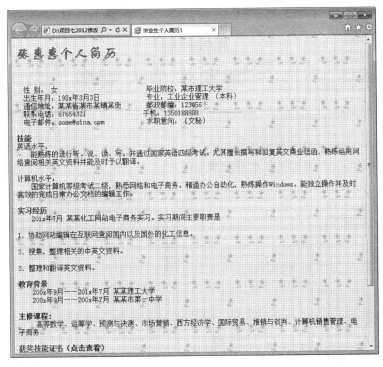

图 1-20-1 活动 20 样张

(2) 选中标题文字"张惠惠个人简历",在下方"属性"面板"格式"中,切换至"CSS"选项,将标题字体设置为"微软雅黑",并设置为"加粗"、"居中"、"红色"。如图 1-20-2 所示。

图 1-20-2 设置字体格式

2. 设定网页属性。

(1) 在"属性"面板中单击"页面属性"按钮,页面属性对话框如图 1-20-3˘所示。选择"外观(CSS)",单击背景图像后的"浏览"按钮,选择本地磁盘中的背景图片,单击"确定"按钮。

(2) 光标定位在文章末尾,插入网页的创建时间。单击"插入"面板中的"日期"按钮,弹出"插入日期"对话框,如图 1-20-4 所示。选择"日期格式"单击"确定"按钮。

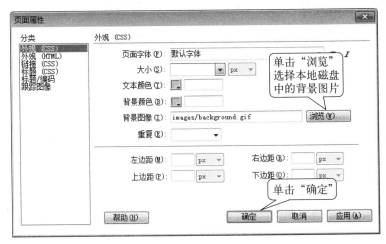

图 1-20-3 设置网页背景图片

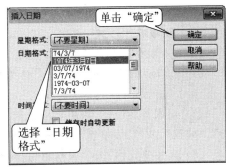

图 1-20-4 插入日期

活动 21

网页设计——毕业生个人简历(二)

一、活动目的

1. 掌握 Dreamweaver 中表格的创建和编辑。
2. 掌握 Dreamweaver 中插入图片和创建超级链接。

二、活动任务

如何在简历中体现自己各方面的能力和真实水平呢?只通过文字的表述是不能吸引招聘单位的。本活动要求制作一页获奖、技能证书网页,将自己的荣誉证书、技能认证等一系列能够证明自己真实水平的证书分门别类地展示在网页中,并与活动一制作的毕业生个人简历创建超链接,如图 1 - 21 - 1 所示。

图 1 - 21 - 1　样例

三、参考操作步骤

1. 插入表格。

(1) 在 Dreamweaver 的设计视图下,新建"huojiang. html"网页。获奖证书图片在"images"文件夹下。

(2) 根据页面设计,利用表格布局。选择菜单"插入"→"表格",弹出"表格"对话框,设置"行数"为"5","列数"为"2",表格宽度为"800"像素。如图 1 - 21 - 2 所示。

(3) 合并单元格,选中表格第一行,在"属性"面板中,单击"合并单元格"按钮。

2. 在表格中输入文本。

(1) 在第一行中输入"返回"、"获奖、技能证书"。选中文字,在"属性"面板中,设置字体为"华文行楷",

大小为"24",颜色"黄色"。

（2）光标移至表格第二行左单元格,在"属性"面板中,设置水平对齐方式为"居中对齐",指定宽度为"400 像素",指定高度为"250 像素",如图 1－21－3。

3. 在单元格中插入图片。

插入图片,光标移至表格第二行左单元格,选择"插入"→"图片",弹出"选择图像源文件"对话框,选择相应图片。效果如图 1－21－4 所示。

选中图片,在"属性"面板中,设置图片的宽度为"300"像素,宽度为"200"像素。

重复这一步骤,完成所有获奖、技能证书图片的插入。

4. 设定超链接。

（1）打开活动 20 制作的"index. htm"网页,选中文字"获奖、技能证书",选择菜单"插入"→"超级链接",在对话框中选择对应"huojiang. htm"网页文件,单击"确定",如图 1－21－5 所示。

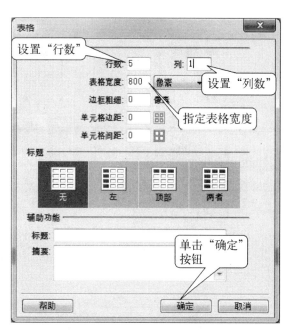

图 1－21－2　插入表格

图 1－21－3　设置单元格属性

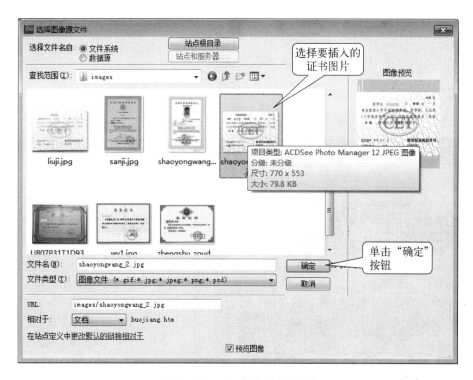

图 1－21－4　插入获奖证书

（2）打开"huojiang. htm"网页,选中文字"返回",选择菜单"插入"→"超级链接",在对话框中选择"index. htm"网页文件,单击确定按钮。

（3）保存网页。

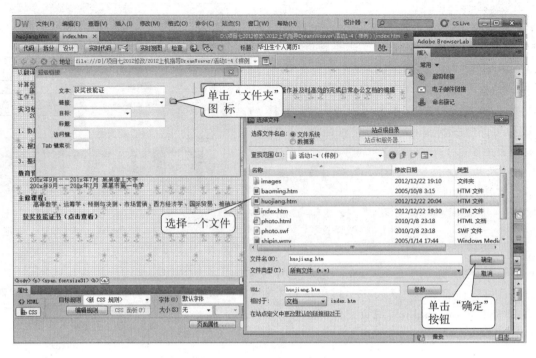

图 1-21-5 插入超级链接

活动 22

网页设计——毕业生个人简历(三)

一、活动目的

1. 掌握利用电子相册软件将照片制作成 Flash 相册。

2. 掌握利用 Dreamweaver 在网页中插入 Flash 动画。

图 1-22-1 样张

二、活动任务

如果个人简历中增加电子相册,或者是个人视频介绍,再通过一些不同的网页呈现效果进行展示。这样的这份个人简历就更加鲜活了。

本活动利用电子相册软件制作自己生活照的 Flash 相册,以及利用 Dreamweaver 制作视频介绍网页,并与活动一制作的毕业生个人简历创建超链接,如图 1-22-1 所示。

三、参考操作步骤

1. 制作电子相册。

(1) 打开 Flash SlideShow Builder,在"文件浏览器"窗格中选择"个人生活照"文件夹,选中需要的照片,单击"添加图片"按钮,将照片添加到电子相册,如图 1-22-2 所示。个人系列照片在"images"文件夹下。

(2) 单击"主题",打开"主题"窗口。在模板窗格区,单击选中自己喜欢的相册模板,在预览区可以浏览到模板效果。效果如图 1 – 22 – 3 所示。

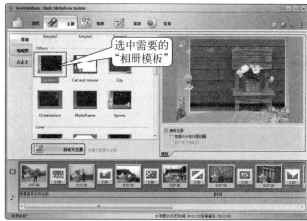

图 1 – 22 – 2　选择文件 　　　　　　　　　　图 1 – 22 – 3　选择模板

(3) 单击"发布",打开"发布"窗口。选择"输出目录",单击"生成 SWF 动画"按钮。软件自动生成电子相册的 Flash 文件,如图 1 – 22 – 4 所示。

2. 插入 Flash 动画。

(1) 打开 Dreamweaver 软件,新建网页并保存文件名为"photo. htm"。

(2) 将插入点放置到要插入 Flash 的位置,单击"插入"面板中的"媒体 SWF"按钮,弹出"选择 SWF"对话框,选择"images"文件夹,选中制作好的 Flash 电子相册文件,单击"确定"按钮,如图 1 – 22 – 5 所示。

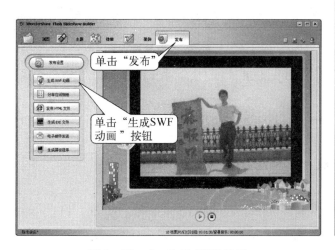

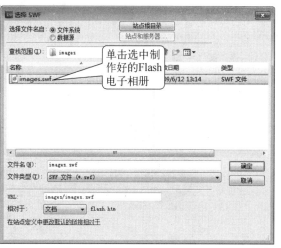

图 1 – 22 – 4　生成 SWF 动画 　　　　　　　图 1 – 22 – 5　插入 Flash 动画

活动 23

网页设计——在线报名表

一、活动目的

1. 掌握 Dreamweaver 中表单的使用。

2. 掌握 Dreamweaver 中插入文本字段、选择列表、单选按钮组、复选框组等。

二、活动任务

学校进行秋季运动会,首次使用网上在线报名的方式,利用 Dreamweaver 软件,设计制作一个在线报名表,如图 1-23-1 所示。

三、参考操作步骤

(1)打开 Dreamweaver 软件,选择"文件"→"新建",弹出"新建文档"对话框,选择"空白页",在页面类型中,选择"HTML",单击"创建"按钮,完成新建网页。

(2)插入表单:选择"插入"面板中的"表单",网页页面中出现了一个空白表单。

(3)输入页面内容:输入标题"秋季运动会报名表",再分别输入"姓名:"、"班级:"、"性别:"、"参加运动项目:",如图 1-23-2 所示。

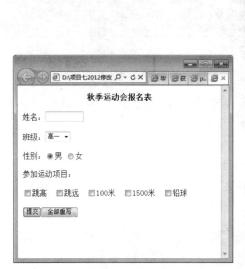

图 1-23-1 样张

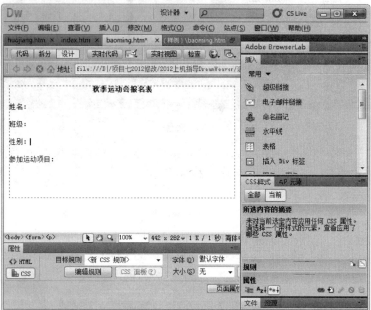

图 1-23-2 输入表单内容

(4)光标移至"姓名:"后,选择"插入"面板→"表单"→"文本字段"。弹出"辅助功能属性"对话框,在"ID"项输入名称"xingming",设置"字符宽度"为"10","类型"为"单行",如图 1-23-3 所示。

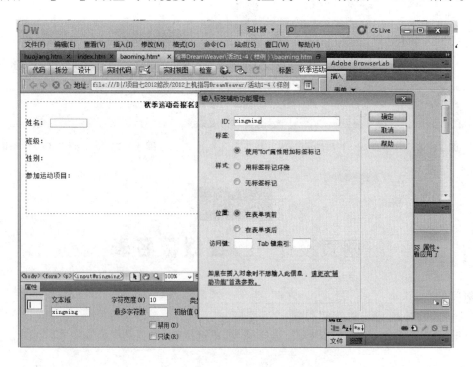

图 1-23-3 插入文本字段

（5）光标移至"班级："后,选择"插入"面板→"表单"→"选择(列表/菜单)"。弹出"辅助功能属性"对话框,在"ID"项输入名称"banji",在"项目标签"项中分别输入选项"高一"、"高二"、"高三",单击"确定"按钮,如图1-23-4所示。

（6）光标移至"性别："后,选择"插入"面板→"表单"→"单项按钮组"。弹出"单项按钮组"对话框。在"名称"中输入"sex",鼠标单击对话框中的"添加"按钮,在"标签"和"值"项中输入"男"、"女",效果如图1-23-5所示。

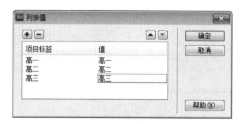

图1-23-4 插入选择列表项

（7）光标移至"参加运动项目："后,选择"插入"面板→"表单"→"复选框组"。弹出"复选框组"对话框。在"名称"中输入"xiangmu",鼠标单击对话框中的"添加"按钮,在"标签"和"值"项中输入"跳高"、"跳远"、"100米"、"1500米"、"铅球",效果如图1-23-6所示。

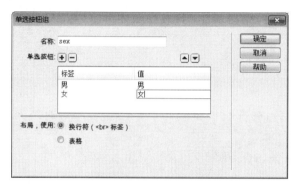

图1-23-5 插入单项按钮组

图1-23-6 插入复选框组

（8）添加提交按钮:光标移至"复选框组"下方,选择"插入"面板→"表单"→"按钮"。弹出"辅助功能属性"对话框,在"ID"项输入名称"tijiao"。"属性"面板中设置"动作"为"提交表单",效果如图1-23-7所示。

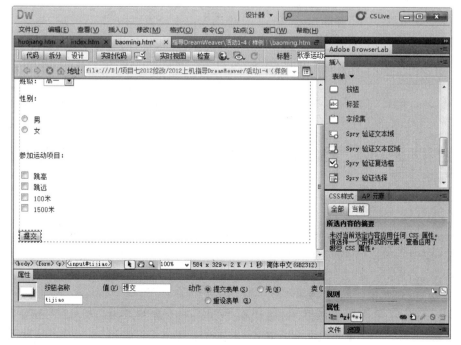

图1-23-7 插入提交按钮

活动 24

网络初学——对等网的建立及操作

一、活动目的

1. 了解计算机网络的基本概念和作用,掌握建立对等网络的基本条件。

2. 了解网卡、网线、集线器等相关网络设备的作用。

3. 了解"即插即用"和 Windows 7 的硬件兼容表(HCL)的概念。

4. 掌握网卡的安装,了解当网卡安装完毕后 Windows 7 自动安装和配置的网络组件及其作用。

5. 掌握给计算机命名,创建工作组并加入工作组的相关操作。

6. 掌握计算机用户的定义和共享资源访问权限分配(提供共享资源并实现安全的访问)的基本方法和步骤。清楚地了解共享资源、用户、用户权限三者之间的关系。对系统内置用户 guest 的作用应有清楚的认识。

7. 掌握通过"网上邻居"查找并使用共享资源的方法。

二、活动任务

利用学校机房已有的网络环境,以物理位置相邻的两台计算机构成一个工作组(最简单的对等网形式),完成下面的工作。

(1) 查看并记录本机已安装网卡的型号和网络组件配置情况,确保本机已正确连入网络。

你所使用的网卡型号是:_____

已安装的网络组件及其功能分别是:

_____

_____

(2) 查看并记录计算机的名字和所属工作组。

计算机的名字是:_____

所属工作组的名字是:_____

(3) 重新命名计算机的名字,并和你相邻的计算机构成一个计算机组。

具体命名规则如下:

使用自己姓名的汉语拼音命名计算机的名字。计算机所属工作组的组名和你相邻的同学约定(两台计算机构成一个工作组)。

(4) 启用本机缺省定义的用户账号 Guest,并在本机上定义两个用户账号,具体要求如表 1-24-1 所示。

表 1-24-1　用户账号信息

用户名	密　码	描　述
teacher	123456	老师登录本机的用户账号
student	654321	同学登录本机的用户账号

(5) 在本机上创建一个文件夹"作业"(可在该文件夹中放置几个文件,如文本文件),并将该文件夹设置为简单共享。

(6) 使用"网络"访问共享文件夹"作业"。

提示:当你以 teacher 用户账号成功访问该共享文件夹后,如希望从本机再以 student 或 guest 用户账号访问该文件夹,需注销当前登录本机的用户账号,重新登录或重启计算机。

三、参考操作步骤

(1) 在 Win7 工具栏的系统任务栏中单击"网络",在弹出窗口中单击"打开网络和共享中心",如

图1-24-1所示。在"网络和共享中心"窗口中单击"本地连接",则弹出如图1-24-2"查看基本网络信息并设置连接"窗口,再单击"本地连接"则弹出"本地连接状态"窗口,如图1-24-3所示,单击"属性",则弹出如图1-24-4"本地连接属性"窗口,在打开的"本地连接属性"窗口中可以看到所安装网卡的型号和网络组件。

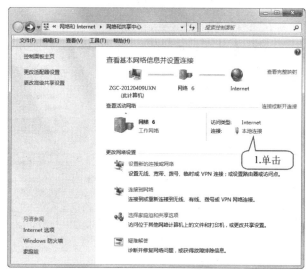

图1-24-1 打开网络和共享中心   图1-24-2 单击"本地连接"

(2)在桌面上右键单击"计算机",在快捷菜单中单击"属性"。在打开的"系统"窗口中查看"计算机名称、域和工作组设置",如图1-24-4。

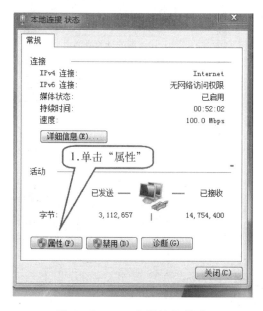

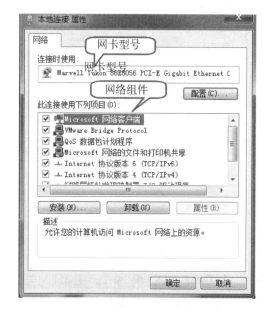

图1-24-3 本地连接状态   图1-24-4 本地连接属性

(3)在前一操作的基础上,单击"更改设置"打开"系统属性"对话框,见图1-24-6,然后单击"更改"并在"计算机名/域更改"对话框中输入新的计算机名和工作组名,单击"确定",如图1-24-7所示。系统将提示重新启动计算机,单击"确定"。当计算机重新启动完毕,则所做更改得以生效。

(4)启用本机缺省的用户账号Guest(缺省无密码):

在桌面上右键单击"计算机",在快捷菜单中选择"管理",在打开的"计算机管理"窗口的右边窗格中展开"本地用户和组",单击"用户"文件夹。在中间窗格的用户列表中右击Guest用户账号,在快捷菜单中单击"属性",在Guest属性窗口中取消"账户已禁用",再单击"确定"按钮即可,见图1-24-8与图1-24-9。

(5)定义两个用户账号:

在"计算机管理"窗口的右边窗格中展开"本地用户和组",单击"用户"文件夹,在中间窗格的空白处右击,在快捷菜单中单击"新用户",见图1-24-10。在打开的"新用户"对话框中,输入新建用户信息(如

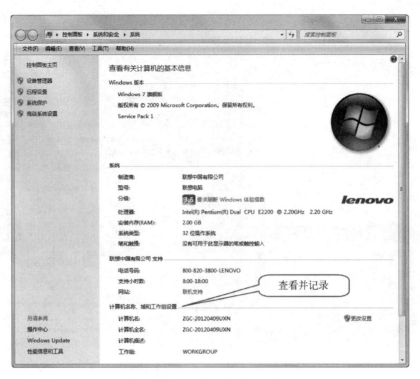

图1-24-5 查看本地及工作组

图1-24-6 系统属性

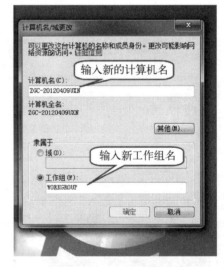

图1-24-7 输入

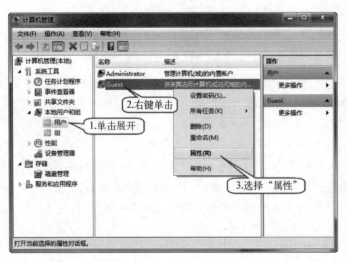

图1-24-8 计算机管理1

图1-24-9 Guest属性

Guest 用户未启用,则新建用户必须设定密码,不能为空),如图 1-24-11 所示的设置。

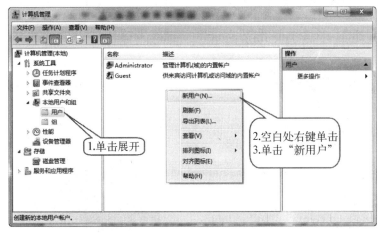

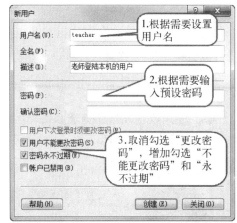

图 1-24-10 计算机管理 2 　　　　图 1-24-11 新用户设置

(6) 单击"开始"→"控制面板",在控制面板中单击"外观和个性化",见图 1-24-12。然后,单击"文件夹选项"在打开的"文件夹选项"窗口中单击"查看"选项卡,确保选中"使用共享向导(推荐)",见图 1-24-12。

图 1-24-12 个性化设置

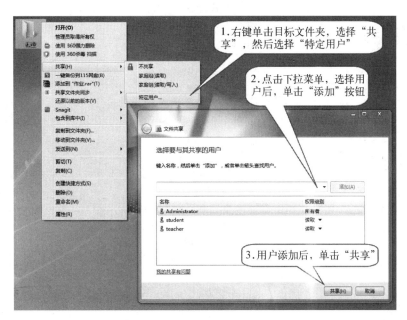

图 1-24-13 共享设置

（7）在"资源管理器"中创建一个文件夹"作业"（可在该文件夹中放置几个文件，如文本文件），然后右击该文件夹，弹出的快捷菜单中单击"共享"→"特定用户"。在"文件共享"窗口中添加共享账户后，单击"共享"，如图1-24-13所示。

（8）在"计算机"中展开"网络"，选择目标计算机，双击打开（如有必要输入先前设定的用户名和密码），在右边窗格中即可看到所有在此计算机上共享的文件夹和打印机，如图1-24-14所示。

如希望从本机再以其他用户账号访问该文件夹，需注销当前登录本机的用户账号或切换到其他用户账号。

（9）注销或切换当前登录本机用户账号的方法如下：

单击"开始"→"关机右侧箭头"→单击"切换用户"或"注销"，如图1-24-15所示。

图1-24-14　查看共享

图1-24-15　注销/切换

第 二 部 分

综 合 测 试

整理"计算机发展史课件"文件夹

一、项目背景

为完成创新集团下属电脑公司制作电子计算机发展史课件的任务,电脑公司技术员李芬已经搜集了一大批素材,并存放在计算机发展史课件的文件夹中。该素材包含有介绍计算机发展各个时代的视频文件、图片文件、音乐文件、Web 页和有关的文档文件等。

二、项目任务

对在"计算机发展史课件"文件夹中的若干文件进行整理,将需要的文件按其类型分别存放在相应的文件夹中,最后存放在桌面相应的文件夹中。

三、设计和制作要求

1. 设计"视频","图片","Web 页","文本"四个文件夹。
2. 按要求将文件存入相应的文件夹中。每个文件夹中只能存放指定类别的文件。

四、参考操作步骤

1. 项目任务分析。

这是一个有关文件和文件夹操作的任务。首先浏览有关素材,可以发现有各种类型的文件,有视频文件,文件扩展名为.Avi,有图片文件,文件扩展名为.Jpg,有声音文件,文件扩展名为.Midi,有网页,文件扩展名为.Htm,有 Word 文档,文件扩展名为.Doc,有文本文件,文件扩展名为.Txt。然后通过新建文件夹操作,将四个文件夹建好。最后只要将同一类型文件通过复制、粘贴等操作,存放到相应的文件夹中即完成。用资源管理器进行文件夹和文件操作更为方便和直观。

2. 在桌面上新建"计算机发展史课件"文件夹。

(1) 在 Windows 7 中找到资源管理器,单击,打开资源管理器窗口。如图 2-1-1 所示。

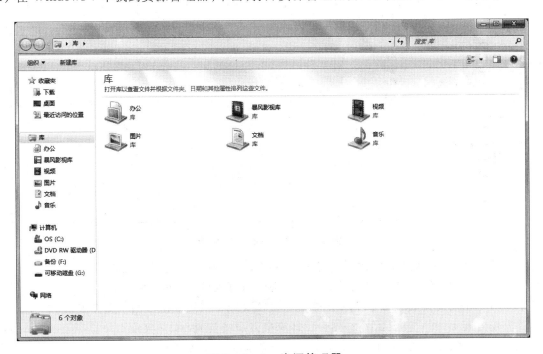

图 2-1-1 资源管理器

(2) 在资源管理器窗口中"导航窗格"(左方)中选中"收藏夹"下面的"桌面"单击,则弹出"桌面窗口"。

(3) 在桌面窗口的工具栏中单击"新建文件夹"按钮,在"桌面窗口"中出现新建文件夹,将其重命名为"计算机发展史课件",如图 2-1-2 所示。

图 2-1-2　新建文件夹

3. 在"计算机发展史课件"文件夹下面新建四个子文件夹。分别将其重命名为"视频","图片","Web页","文本"文件夹。

(1) 在"计算机发展史课件"窗口的工具栏中单击"新建文件夹"按钮四次,在"桌面窗口"中出现四个新建文件夹。

(2) 分别将四个新建文件夹重命名为"视频","图片","Web 页","文本"文件夹。如图 2-1-3 所示。

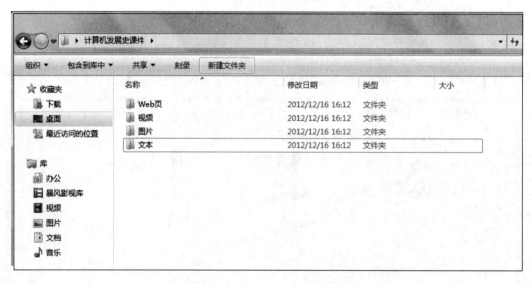

图 2-1-3　新建子文件夹

4. 显示素材中的视频文件,图片文件,音乐文件,Web 页,和有关的文档文件等。

(1) 在资源管理器窗口中"导航窗格"(左方)中选中"计算机"下面的"备份(F:)"单击。

(2) 双击 F:下面文件夹"fd2012";双击下面子文件夹"Z2-1";双击下面子文件夹"素材";双击下面子文件夹"计算机发展史课件"弹出如图 2-1-4"计算机发展史课件"文件夹窗口下面所有文件。观察文件夹窗口下面所有文件,发现文件扩展名未显示,排列比较混乱。需要重新设置。

5. 重新设置文件排列。

(1) 在窗口空白处右击鼠标,弹出快捷菜单如图 2-1-5 所示。

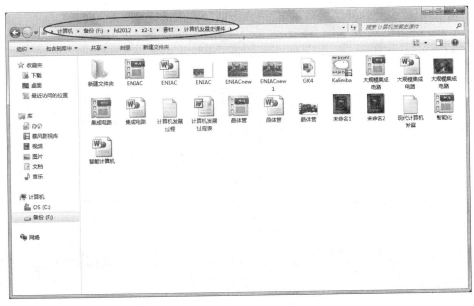

图 2-1-4 找到目标文件

（2）在弹出快捷菜单中单击"查看"，弹出快捷菜单如图 2-1-6 所示。

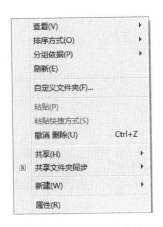

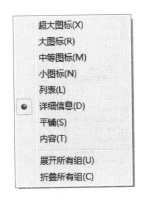

图 2-1-5 快捷菜单　　　　　　　　图 2-1-6 快捷菜单之"查看"

（3）在弹出快捷菜单中单击"详细信息"，弹出文件夹窗口下面所有文件详细信息已经显示，如图 2-1-7 所示。

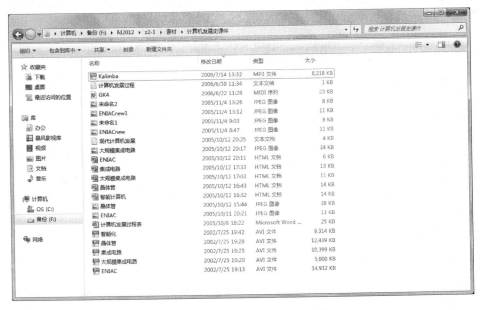

图 2-1-7 显示文件详细信息

（4）在如图2-1-5所示快捷菜单中单击"排列方式"，弹出快捷菜单如图2-1-8所示。

（5）在图2-1-8中单击"类型"；"递增"，文件夹窗口下面所有文件已经按照扩展名排列，如图2-1-9所示。

6．复制视频文件。

（1）在图2-1-9中，单击"ENIAC"，按下[Shift]键，同时单击"智能化"，这样把所有视频文件选中。右击鼠标在弹出快捷菜单中选择"复制"命令。

（2）回到桌面上新建的"计算机发展史课件"文件夹下面的"视频"子文件夹下面，在窗口空白处右击鼠标，在弹出快捷菜单中选择"粘贴"命令，完成视频文件的复制。如图2-1-10所示。

7．同样方法完成"图片"，"Web页"，"文本"文件夹下面文件的复制。注意：不要将Word文件复制到"文本"文件夹中去。

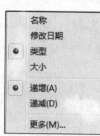

图2-1-8
文件排列方式

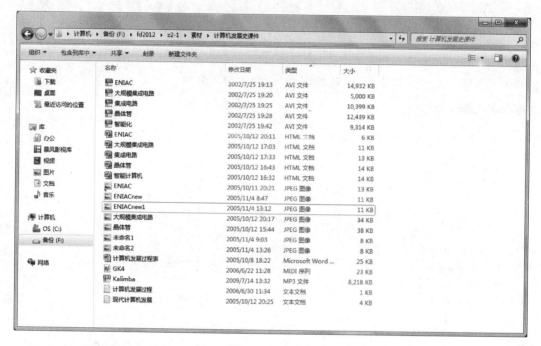

图2-1-9　文件排列结果

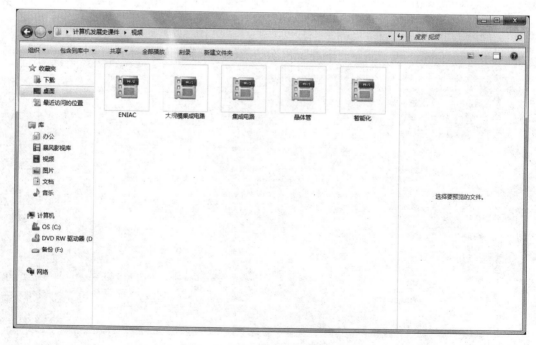

图2-1-10　完成复制视频文件

综合测试 2
设计艺术节入场券

一、项目背景

2013 年是和安集团成立十周年,集团决定结合庆祝活动举办"首届艺术节"。你是和安集团宣传部的一名职员,为了做好参观"首届艺术节"的接待和管理工作,设计制作参观"首届艺术节"入场券是首要任务。

有关 2013 年和安集团首届艺术节的文字和图片等资料已存放在桌面上"多媒体素材"文件夹中。

二、项目任务

浏览和安集团首届艺术节的多媒体资料素材,设计制作一张参观"和安集团首届艺术节"的入场券。在桌面建立"入场券"文件夹,作品保存在该文件夹下,文件名自定。

三、制作要求

1．页面设置,根据常规入场券一般为宽 21 厘米、高 8 厘米、不留白边。
2．用图片作入场券的背景,并对图片进行相应的设置。
3．用艺术字体展示入场券的主题,体现主题明确、整体美观。
4．入场券各要素齐全、文字清晰、布局合理,用文本框的方式输入入场券的其他信息,并对输入内容进行相应的设置。

四、参考操作步骤

1．项目任务分析。

从结构来看,入场券分有正券和副券两部分,并多以图片为背景;从要素来看,应有主题、价钱、时间、地点和联系电话等;从技术层面来看,要使用图片、艺术字和文本框等技术来实现。

2．文档创建及页面设置。

(1) 单击"文件"菜单,选择"新建"中的"空白文档",单击"创建"按钮,新建一个空白文档。

(2) 单击"页面布局"选项卡,在"页面设置"工具组区域中单击"页面设置"按钮。

(3) 在弹出的"页面设置"对话框中单击"纸张"选项卡。

(4) 在纸张大小选项区选择自定义选项,设置宽度为 21 厘米、高度为 8 厘米。(效果可参考图 2－2－7。)

(5) 单击"页边距"选项卡,设置上、下、左、右均为 0 厘米,方向为横向。

(6) 单击"确定"按钮,在弹出的提示框中单击"忽略"按钮,如图 2－2－1 所示。

3．图片的插入及设置。

(1) 单击"插入"→"图片"按钮。

(2) 在出现的"插入图片"对话框中,在指定的文件夹中选择 photo1－4 图片,单击"确定"按钮。

(3) 在出现的图片工具格式动态工具栏中,单击"大小"工具组中"大小"按钮,如图 2－2－2 所示。

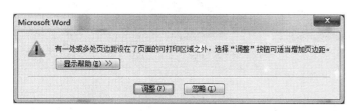

图 2－2－1　忽略页边距

图 2－2－2　图片动态格式工具

(4) 在出现"布局"对话框中,单击"大小"选项卡,取消"锁定纵横比"和"相对于图片的原始尺寸"选项,设置高度为 8 厘米、宽度为 21 厘米。如图 2-2-3 所示。

(5) 单击"文字环绕"选项卡,在环绕方式区域选中衬于文字下方项,单击"位置"选项卡,在选项区域取消对象随文字移动项,界面可参考图 2-2-3 和图 1-4-6。

(6) 单击"艺术效果"按钮,选择"十字图案蚀刻"效果,如图 2-2-4 所示,完成背景图片的插入及设置。

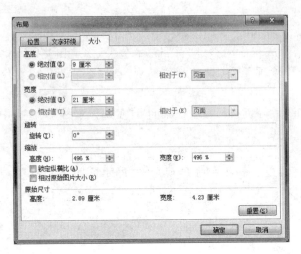

图 2-2-3　图片布局对话框

图 2-2-4　选择图片艺术效果

4. 入场券版面的划分及绘图工具的使用。

(1) 在"插入"的"插图"组中,单击"形状"下三角形按钮,选择"直线"命令,在距左边距大约 17 厘米处绘制一条竖线作为主券与副券的分界线。

(2) 在"形状样式"组中,单击"设置形状格式"按钮,在出现"设置形状格式"对话框中,"宽度"选择为 1.5 磅,"短划线类型"选择为"短划线",如图 2-2-5 所示,单击"关闭"按钮。

(3) 在"大小"组中,单击"大小"按钮,在出现"布局"对话框中,单击"文字环绕"选项卡,在环绕方式区域选中衬于文字下方项,单击"位置"选项卡,在选项区域取消"对象随文字移动"项;在水平区域设置绝对位置页边距 16.8 厘米。

(4) 单击"确定"按钮。

图 2-2-5　选择线条格式

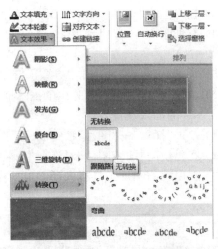

图 2-2-6　文本效果转换

5. 使用艺术字体创建入场券标题。

(1) 单击"插入"→"艺术字"命令,在出现的"'艺术字'库"对话框中,选中第四排第二个形状,界面可参考图 1-2-7。

(2) 在文本区域输入"和安集团",文字间输入四个空格间隔,设置字体:楷体、字号:20。

（3）在"艺术字样式"工具组中，单击"文本填充"按钮，选择自动项；单击"文本效果"按钮，在"转换"项中选择"无转换"形状，如图2-2-6所示。

（4）移动该艺术字位置至主券顶部中央。

（5）单击"插入"→"艺术字"命令，在出现的"艺术字库"对话框中，选中第四排第二个选项。

（6）在文字区域输入"首届艺术节"，文字间输入四个空格间隔，设置字体：华文形楷、字号：24，单击"确定"按钮。

（7）在"艺术字样式"工具组中，单击"文本填充"按钮，选择自动项；单击"文本效果"按钮，在"转换"项中选择"无转换"形状。

（8）移动其位置至艺术字"和安集团"正下方。

6. 使用文本框建立入场券副标题。

（1）单击"插入"选项卡，在"文本"工具组中单击"文本框"按钮，选择"绘制文本框"命令，当鼠标指针变成十字形，在艺术字"首届艺术节"正下方拖动鼠标绘制一个文本框。

（2）在该文本框中输入"The First Art Day of HeAn"。

（3）选中"The First Art Day of HeAn"，在常用格式栏中设置字体为"Times New Roman"、字号小二，单击"加粗"、"倾斜"、"居中"按钮。

（4）右击该文本框边框，选择"设置形状格式"命令，在弹出的"设置形状格式"对话框中，在"填充"选项区中设置填充为无填充，在"线条颜色"选项区中设置线条颜色为无线条，单击"关闭"按钮，界面可参考图2-2-5。

7. 使用文本框输入相关信息。

（1）参照入场券副标题的制作步骤2的方法在副标题下方再绘制一个大文本框。

（2）参照入场券副标题制作的步骤6的方法设置文本框。

（3）在该文本框中输入时间、地址等相关信息，并设置其字体为宋体、字号为小四。

8. 使用竖排文本框输入票价。

（1）单击"插入"选项卡中"文本框"按钮，选择"竖排文本框"命令，当鼠标指针变成十字形，在券面左侧拖动鼠标绘制一个文本框。

（2）参照入场券副标题制作的步骤6的方法设置文本框。

（3）在该文本框中输入"票价：贰拾元"，并设置为字体"宋体"、字号二号、红色、居中。

（4）选中"贰拾"，在常用格式栏中设置字体为"宋体"、字号为一号、颜色为红色，单击"加粗"按钮。

9. 使用竖排文本框健全券面元素。

（1）单击"文本框"按钮，选择"竖排文本框"命令，当鼠标指针变成十字形，在分割线上绘制一个竖排文本框。

（2）参照入场券副标题制作的步骤6的方法设置文本框。

（3）在该文本框中输入"撕下作废"，字间用两个空格间隔，并设置为字体宋体、字号为小四。

10. 使用文本框建立副券标题。

（1）参照入场券副标题的制作步骤2的方法在副券部分上方中部绘制一个文本框。

（2）参照入场券副标题制作的步骤6的方法设置文本框。

（3）输入"副券"，并设置为字体为宋体、字号二号、居中。

11. 使用竖排文本框完善副券元素。

（1）单击"绘图"工具栏中的"竖排文本框"按钮，当鼠标指针变成十字形，在副券标题下方绘制一个竖排文本框。

（2）参照入场券副标题制作的步骤6的方法设置文本框。

（3）输入"贰拾元"，并设置为字体为宋体、字号小二、居中。

12. 文档的保存。

（1）在桌面新建一个"入场券"文件夹。

（2）单击"文件"→"另存为"命令。

（3）在出现的"另存为"对话框中，选择保存位置及类型，输入自定的文件名。

（4）单击"保存"按钮，保存文档，参考样张如图2-2-7所示。

图 2-2-7　参考样张正面效果

13. 制作入场券背面。

(1) 单击"文件"→"新建"命令,选择"空白文档"模板项,单击"创建"按钮,建立一个新文档。

(2) 在其中插入一张背景图片,大小设置为高 8 厘米、宽 21 厘米,取消"锁定纵横比"选项,并在图像控制中设置为"自动"。

(3) 插入表格并输入相应内容。

(4) 插入艺术字和文本框等元素,完成背面制作。

14. 文档的保存。

(1) 单击"文件"→"另存为"命令。

(2) 在出现的"另存为"对话框中,将文档保存在桌面下"入场券"文件夹中,输入自定的文件名。

(3) 单击"保存"按钮,保存文档。背面效果如图 2-2-8 所示。

图 2-2-8　参考样张背面效果

综合测试 3

制 作 月 历

一、项目背景

现今社会,生活的节奏越来越快,强化了人们"时间管理"的概念,月历不仅是生活的必备品,美观的月历也可以是一件艺术品,它可以给你带来美的享受,也唤起你美好的回忆。作为一名中职校学生的你将于 2013 年 6 月毕业,走向工作岗位,为了记住这有意义的一月,希望你把这个月制作一个精美的月历。

有关制作 2013 年 6 月月历的文字和图片等资料已存放在桌面上"多媒体素材"文件夹中。

二、项目任务

浏览有关制作 2013 年 6 月月历的多媒体资料素材,制作一张精美的 2013 年 6 月的月历。在桌面建立"月历"文件夹,作品保存在该文件夹下文件名自定。

三、制作要求

1. 根据给定的月历素材进行正确的页面设置。

2．正确设置标题及相关内容。

3．使用文本框和表格进行合理布局，并进行相关设置。

4．使用边框和底纹对版面进行美化。

5．绘制或插入图片，并进行适当的设置。

四、参考操作步骤

1．项目任务分析。

（1）从结构来看，月历含有年、月和日期，以及修饰的图片，日期多以表格方式来描述。

（2）从要素来看应有主题、日期，日期以星期为单位等。

（3）从技术层面来看要使用文本框、表格、图片和页面及文字设置等技术来实现。

（4）制作设想：运用 Word 的表格功能制作，为增强艺术效果，在月历的两个边角处加上图片，并以艺术字注明年份和月份，制作标志提升创新意识。

2．制作月历标志。

（1）启动 Word 2010，建立一个新文档。

（2）单击"插入"选项卡中的"文本框"按钮，绘制一个文本框，右击它，在快捷菜单中单击"设置形状格式"命令，在"设置形状格式"对话框中，在"填充"选项区中设置填充为无填充，在"线条颜色"选项区中设置线条颜色为无线条，单击"关闭"按钮。

（3）在文本框中输入月历的英文单词"Menology"，将其"字体"设为"Book Antiqua"；并设定字头"M"的字号为"初号"，"字形"为"加粗"；"enology"的字号为"三号"。

（4）单击"插图"工具组中的"形状"按钮，选择"直线"项，绘制三条直线，调整它们的长短与角度，并将它们组合在一起。选中直线，单击"绘图工具格式"动态工具栏上的"形状轮廓"按钮，单击"其他轮廓颜色"按钮，在出现的"颜色"对话框中，选择一种颜色，如图 2-3-1 所示，单击"确定"按钮。

（5）单击"插图"工具组上的"形状"按钮，在"星与旗帜"区域中选择"五角星"项，绘制一个五角星。在"大小"工具组中，将其"高度"和"宽度"都设置为 0.4 厘米；单击"形状轮廓"按钮，选择为"无轮廓"项，如图 2-3-2 所示，单击"形状填充"按钮，选择"蓝色"。

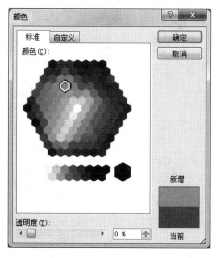

图 2-3-1　选择颜色

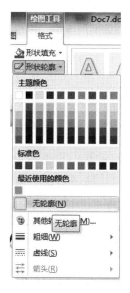

图 2-3-2　选择图形颜色和轮廓

（6）再单击"形状填充"按钮，选择"渐变"中"其他渐变"命令，在"设置形状格式"对话框中，选择"填充"标签，在"填充"区域选"渐变填充"项，选蓝色，类型选为"射线"，方向为"中心辐射"，渐变光圈由蓝色向白色过渡，如图 2-3-3 所示，单击"关闭"按钮。

（7）重复步骤（5）（6）操作绘制另外三个"五角星"，它们的"高度"和"宽度"分别为 0.65 厘米、0.9 厘米和 1.2 厘米；颜色分别为浅蓝、深蓝和青色，并调整它们的位置。

（8）选中所有的对象，把它们组合在一起，并保存。效果如图 2-3-4 所示，预示一颗新星即将升起。

图 2-3-3　选择图形填充格式

图 2-3-4　标志效果图

3. 插入 SmartArt 图形。

(1) 切换到"插入"选项卡,单击"插图"组中的"SmartArt"按钮,弹出"选择 SmartArt 图形"对话框后,切换到"图片"选项卡,在右侧选项栏选择"圆形图片标注",如图 2-3-5 所示。

(2) 双击插入图片按钮,将四张图片插入 SmartArt,再直接在 SmartArt 中的文本占位符上输入"我的学校"、"教学楼"、"图书馆"、"运动场",并且居中对齐,如图 2-3-6 所示。

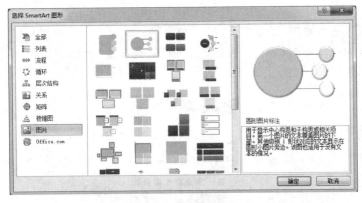

图 2-3-5　选择图形

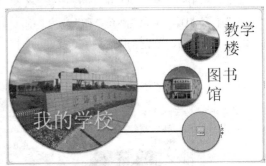

图 2-3-6　在图形上输入文字

(3) 输入完成后,切换到"SmartArt 工具"动态标签中选择"设计"选项卡,单击"创建图形"组中的"从右向左"按钮改变图形方向,如图 2-3-7 所示。

图 2-3-7　SmartArt 工具栏

(4) 切换到"SmartArt 工具"动态标签中选择"格式"选项卡,单击"大小"下三角按钮,在展开的下拉列表中设置"高度"为"4 厘米","宽度"为"6 厘米"。

4. 插入文本框。

(1) 新建一个空白文档,单击"插入"选项卡中的"文本框"按钮,绘制一个文本框。

(2) 选中该文本框,在"大小"工具组中,设置高度和宽度分别为 12 厘米和 14.2 厘米;单击"形状轮廓"按钮,选择颜色为淡紫,粗细设置为 3 磅。

5. 绘制表格。

（1）光标置于文本框中,单击"插入"→"表格"→"表格"命令,绘制一个七行七列的表格。

（2）单击"段落"工具组中的"居中"▤按钮,使表格居中;选中表格的所有单元格,单击"段落"工具组中的"居中"▤按钮,使单元格内容居中。

（3）表格中输入 2013 年 6 月的日期内容。选中表格,设置字体为"黑体",字号为"四号",字形为"加粗",将星期六和星期日两列的字体颜色设为红色,其他日期设为蓝色;选中表格的所有单元格,右击,选择"表格属性"命令,在"表格属性"对话框中,参考界面如图 1 - 3 - 6 所示,单击"列"选项卡,在字号区,选中"指定宽度",设置为 2 厘米,单击"确定"按钮。

（4）选中表格,单击"表格工具设计"选项卡,单击"边框"按钮右侧的向下箭头,在弹出的菜单中选择"无框线"命令。如图 2 - 3 - 8 所示。

图 2 - 3 - 8
设置表格框线

6. 制作年份艺术字。

（1）单击"插入"选项卡上的"艺术字"按钮,在出现的"艺术字"库对话框中,选择第四行第二种式样,在"编辑艺术字文字"文本框中,输入"2013",并将其字体设置为"Century Gothic";字号为 60,字形为"倾斜"、"加粗"。

（2）选中艺术字,单击"艺术字样式"工具组上的"文本填充"按钮,在弹出的列表中单击"渐变"→选择"变体"中"线性向下"样式。

（3）单击"艺术字样式"工具组上的"文本效果"按钮,在"转换"列表项中选择"槽形"样式。

（4）选中艺术字,单击"形状样式"工具组上的"形状效果"按钮,在弹出的列表中选择"阴影"中"内部右下"样式。

（5）调整艺术字位置,并拖动到文本框上方中间位置。

7. 插入图片和标志。

（1）单击"插入"选项卡中"图片"按钮。在文档中插入枫叶、蝶形飘带、小伞、标志图片和 SmartArt 图。

（2）分别选中这四个图片,将"环绕方式"设置为"浮于文字上方",单击"确定"按钮。

（3）调整图片大小,并拖动它们到适当的位置。

8. 制作月份艺术字。

（1）单击"插入"选项卡上的"艺术字"按钮,在出现的"艺术字"库对话框中,选择第四行第二个式样。

（2）在"编辑艺术字文字"文本框中,输入"6",并将其字体设置为"Arial Black",字号为 99。

（3）在"布局"对话框中,单击"文字环绕"标签,选择"环绕方式"为"衬于文字下方",单击"确定"按钮。

（4）将其拖动到文本框内,按住[Shift]键,同时选中文本框,单击"对齐"按钮,选择"左右居中"命令,如图 2 - 3 - 9 所示。

图 2 - 3 - 9
文本框对齐方式

9. 设置文本框的透明效果。

右击文本框,选择"设置形状格式"命令,在"设置形状格式"对话框中,单击"填充"标签,在"填充"栏中,将"透明度"设置为 50％,界面可参考图 2 - 3 - 3 和图 1 - 4 - 3,单击"关闭"按钮。

10. 设置页边框。

单击"页面布局"选项卡,在"页面背景"工具组中单击"页面边框"按钮,打开"边框和底纹"对话框中,界面可参考图 1 - 3 - 8,选择"页面边框"选项卡,单击"艺术型"下拉列表框右侧的向下箭头,在弹出的下拉列表中选择边框图案,单击"确定"按钮。

11. 保存作品。

（1）单击"文件"→"另存为"命令。

（2）在出现的"另存为"对话框中,选择保存位置及类型,输入文件名为"月历",单击"保存"按钮。

（3）保存该文档,退出 Word 程序。效果如图 2 - 3 - 10 所示。

图 2－3－10　综合测试 3 效果图

综合测试 4

"嫦娥工程"宣传板报素材搜集

一、项目背景

为了弘扬祖国 60 几年来的伟大成就,学校要求每班每人都参与到这个宣传活动中,主题、形式不限。

某班讨论后决定,以"嫦娥工程"为主题,每人从因特网上搜取素材,以 Word 文件格式建立一张宣传板报,并通过因特网在班级中分享各自的作品。

二、项目任务

运用因特网上实际搜索到的素材,制作以"嫦娥工程"为主题的宣传板报,并分享给班级其他同学。

在非系统安装盘根目录上建立"因特网应用"文件夹,作品保存在该文件夹中,文件名自定。

三、设计与制作要求

1. 设计。

(1) 能安全地获取因特网素材。

(2) 主题明确,能合理搜索、运用素材。

(3) 板报的版面清新,图文并茂。

2. 制作。

(1) 板报的主题鲜明,素材是皆来自因特网的安全素材,使用艺术字标题。

(2) 版面分为 5~6 个区域,每个区域为一个分题,图文并茂,美化每个分题。

（3）版面分布合理、活泼、抢眼。

（4）利用 E-mail 在班级中分享各自的板报。

四、参考操作步骤

1. 项目任务分析。

（1）要安全地获取因特网信息,必须养成安装、使用"防火墙"与"杀毒软件"的好习惯。原来商业化运作的个人版"防火墙"与"杀毒"软件,现在都可以从它们的官方网站免费获得,如"金山毒霸"、"瑞星"等。

（2）利用因特网强大的搜索功能,可以很方便地找出海量的可用信息(如文字、图片等),从中选出符合任务要求的信息是使用因特网必备的技能。按需配置浏览器。

（3）将符合任务要求的信息整合利用,则是使用因特网必备的又一项技能。利用信息的载体很多,本项目则借助于"Word"工具来实现。用户只有在非常熟悉处理信息工具的前提下,才能更好地使用信息。

（4）分享信息,也是因特网主要作用之一。可以实现分享信息的方式也是各有千秋,本项目选择"E-mail"客户端方式来分享信息。按需配置电邮客户端。

2. 杀毒软件的获得与安装。

（1）打开浏览器,在地址栏中输入"http://pc.rising.com.cn/",显示出图 2-4-1。根据需要下载免费的瑞星杀毒软件。点击"个人产品",显示图 2-4-2,点击杀毒和防火墙的"安装包下载"进行下载。

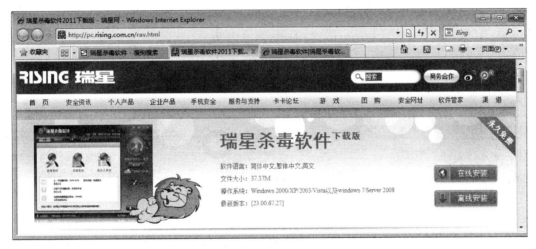

图 2-4-1 瑞星杀毒官方网站

图 2-4-2 下载杀毒软件和防火墙

（2）下载后双击"ravv16std.exe"和"rfw2012.exe"图标,进行"杀毒软件"和"防火墙"的安装。如图2-4-3所示。安装后在任务栏的通知区域会显示两个图标: 🌂(杀毒软件)和🛡(防火墙),表示它们正在工作,单击它们可以启动软件,右击它们可以进行设置操作。

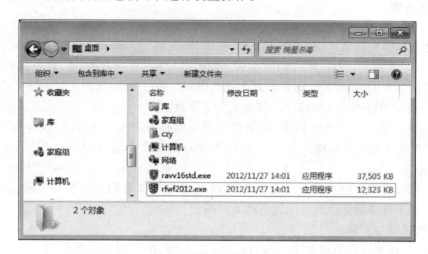

图 2 - 4 - 3　下载后的"瑞星杀毒"和"防火墙"软件

3. 获取"嫦娥工程"的相关素材。

打开浏览器,在地址栏输入"http://www.baidu.com",显示"百度"搜索引擎页面,在搜索栏中输入"嫦娥工程"关键字,按下"百度一下"按钮,显示找到的相关网页链接的页面,见图2-4-4。从中可以找出需要的文字与图片等信息,如果需要相对集中地找图片信息,可以点击图2-4-4中的"图片"链接,可以得到相关图片链接的页面,见图2-4-5。从这两个页面中,通过细致的查找,可以得到制作宣传板报所需的所有资源。

图 2 - 4 - 4　有关"嫦娥工程"的网页链接页面　**图 2 - 4 - 5　有关"嫦娥工程"的图片链接页面**

4. "嫦娥工程"宣传板报制作。

（1）参考图2-4-6的样张制作"嫦娥工程"宣传板报。

（2）板报背景使用"水印"方式制作。设置页面方向为"横向"、页边距为"零",执行"视图→页眉和页脚"命令,插入"文本框",拖动"文本框"至整个页面大小—插入背景图片—适当调整"亮度"与"对比度",使其有朦胧的效果—将图片亦拖至整个页面大小。

（3）板报标题使用"艺术字"。

（4）文字皆用"文本框"给出,与图片、表格等元素都设置为混排效果。

（5）合理使用元素"组合"功能,使制作过程方便、快捷。

5. 板报分享。

（1）通过浏览器,在因特网上申请免费E-mail邮箱账户,如新浪网的。

（2）启动"Windows Live Mail",添加与设置申请好的邮箱账户。

图 2 - 4 - 6 "嫦娥工程"宣传板报样张

（3）按"WLM"窗口新建区的"电子邮件"按钮，创建"新邮件"，界面可参考第一部分活动 7 中的图 1 - 7 - 7。

（4）如果在"联系人"中已建立有收信人地址，可以通过单击"收件人"按钮来选择"收件人"，如图 2 - 4 - 7。选中"收件人"，按下"收件人"按钮，"确定"。

（5）输入主题："'嫦娥工程'宣传板报分享"。

（6）通过单击" 📎 附加文件"按钮，添加"'嫦娥工程'宣传板报"附件。

（7）创建好的新邮件，如图 2 - 4 - 8 所示。

（8）按"发送"按钮，将新邮件发送出去。

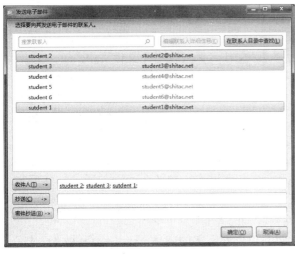

图 2 - 4 - 7 选择收件人

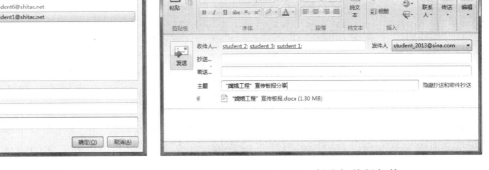

图 2 - 4 - 8 创建好的新邮件

综合测试 5

制作"飞向太空的航程"多媒体作品

一、项目背景

我国的航天事业历程艰难,发展飞速,成就辉煌。1992 年中国载人航天工程启动实施,2011 年 11 月 3 日中国"神舟八号"飞船于清晨与正在稳定运行的"天宫一号"目标飞行器成功完成首次交会对接。至此,中国成为继俄罗斯和美国后第三个掌握空间交会对接技术的国家。

二、项目任务

请你通过各种渠道了解我国航天事业的发展历史及当前现状,进而从某个角度设计并制作一部能够宣传我国航天事业的多媒体影视作品,以激发我们的民族自信心和民族自豪感。最后完成的作品以"飞向太空的航程.wlmp"为文件名保存在考生文件夹中。

三、设计和制作要求

1. 主题内容要求从我国航天事业的一个侧面宣传我国航天事业的艰难历程,或是所取得的辉煌成就,也可以是反映我国航天飞船的技术性能等。作品中的各种元素都要求围绕主题。

2. 作品要求结构新颖,有良好的视觉效果,能运用文字、声音、图像、动画、视频等多种媒体素材。

3. 画面要求图文并茂,结构合理;表达要求简洁清晰,色调统一。

4. 利用素材中的文字、图像、视频等文件,正确设置且统一它们的大小、位置、颜色、效果等视觉因素。

5. 适当添加过渡和动画效果,注意要整齐划一有感染力,不能随心所欲杂乱无章。

6. 整个作品立意新颖,有独创性。

四、参考操作步骤

1. 新建项目。

(1) 打开 Windows Movie Maker。单击"添加视频和照片"按钮。如图 2-5-1 所示。

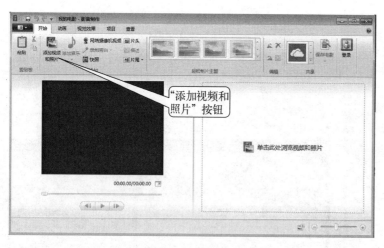

图 2-5-1 添加视频和照片

(2) 在"素材"文件夹中选中所有视频和照片文件,单击"打开"按钮。如图 2-5-2 所示。

(3) 单击"添加音乐"按钮,从"素材"文件夹中打开"背景音乐.wma"音乐文件。完成后如图 2-5-3 所示。

(4) 以"飞向太空的航程.wlmp"为文件名保存在考生文件夹中。

2. 制作片头片尾及文字描述。

(1) 选中第一个"背景.jpg"照片对象,设置视觉效果"从黑色淡入"。如图 2-5-4 所示。

(2) 单击"描述"按钮,为该照片添加文字描述。如图 2-5-5 所示。然后在文本编辑中输入"飞向太空的航程"和"空间对接技术"两行标题文字。并设置文字:黑体,36 磅,职业红,效果为"流行型—淡化 1",开始时间为 0.5 秒,文本时长为 6 秒。如图 2-5-6 所示。

(3) 在视频中及以后的四张照片上加上适当的文字描述,并设置好文字的字体、大小、颜色、效果、时间等内容。

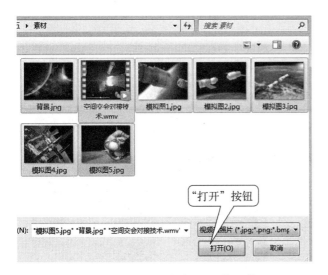

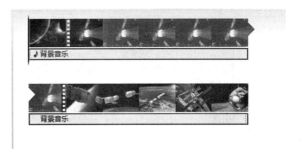

图 2-5-2　打开视频和照片文件

图 2-5-3　添加素材后的界面

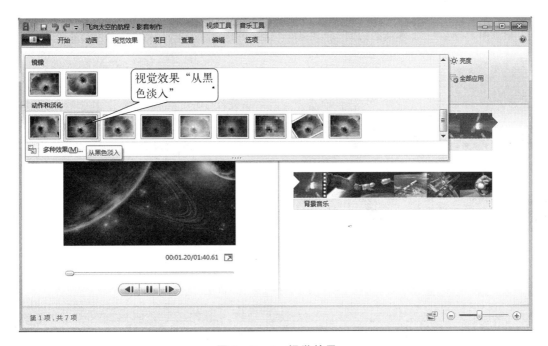

图 2-5-4　视觉效果

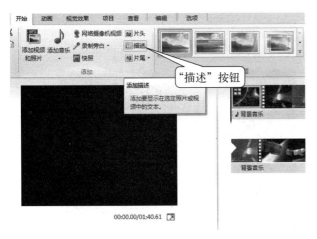

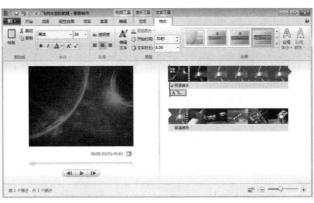

图 2-5-5　添加文字描述

图 2-5-6　编辑描述文字

(4) 为最后一张照片添加片尾文字描述"谢谢观赏",设置视觉效果。完成后如图2-5-7所示。

3. 视频工具编辑及动画效果。

(1) 选择视频对象,设置一种过渡特技效果。如图2-5-8所示。为以后的四张照片也加上过渡特技效果。

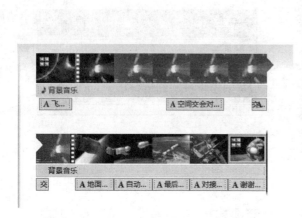

图2-5-7 文字描述结果

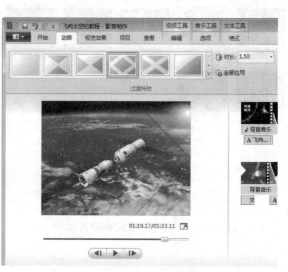

图2-5-8 过渡特技

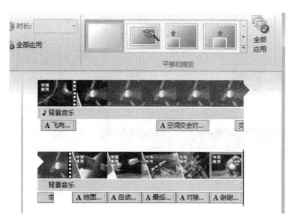

图2-5-9 平移和缩放

(2) 为后四张照片加上"平移和缩放"动画效果,增加照片的视觉动感。如图2-5-9所示。

(3) 使用"视频工具"将后四张照片的时长设置为10秒。如图2-5-10所示。

4. 音乐工具选项设置。

在"音乐工具"选项中设置音乐淡入和淡出均为"慢速"。如图2-5-11所示。

5. 保存电影。

最后完成影片制作,单击"保存电影"按钮,选择"通用设置"中的计算机。如图2-5-12所示。用"飞向太空的航程. mp4"为文件名保存在考生文件夹中。如图2-5-13所示为电影截图。

图2-5-10 照片时长设置

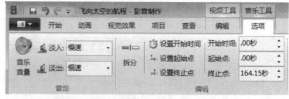

图2-5-11 音乐工具选项

图2-5-12 保存电影

图2-5-13 电影截图

综合测试 6

制作上海—无锡一日游演示文稿

一、项目背景

上海百花旅行社是一家以国内旅游为主的股份制公司。在"国庆节"即将来临之际,公司推出上海—苏州一日游,上海—无锡一日游,上海—杭州一日游等系列旅游节目。为此,要制作一组相关的电子演示文稿,以流动形式在公司各旅游门市部播放。

二、项目任务

运用所给定的素材,制作上海-无锡一日游电子演示文稿。

在桌面上建立"上海—无锡一日游"文件夹,作品保存在该文件夹下,文件名自定。

三、设计制作要求

1. 根据上海—无锡一日游四个景点,给出第一张幻灯片的主题。
2. 给出四个景点的图片及相关文字说明,用四个幻灯片表示。
3. 将公司的名称放在各幻灯片右下角。
4. 设计一张表格,表格应该给出出游日期、时间、地点、价目、景点等内容。
5. 各张幻灯片播放时有切换方式。
6. 自动循环播放,配有以江南丝竹为背景音乐。

四、参考操作步骤

1. 项目任务分析。

上海—无锡一日游电子演示文稿是用来宣传旅游产品的,因此应当给出一日游相关景点介绍,包括景点的图片及相关文字说明。

利用一张表格来反映出游日期、时间、地点、价目、景点等内容,方便旅客自行挑选。

通过母版设置,可以很方便将公司的名称放在各幻灯片右下角。

播放方式设计为展台浏览,同时配有背景音乐。

2. 新建文件,确定幻灯片数量,确定灯片版式。

打开 PowerPoint 2010 后,点击文件中新建命令,选定空白演示文稿作为第一张幻灯片,以后四张幻灯片选定"两栏内容"。选定空白演示文稿作为最后一张幻灯片。参见图 2-6-1 新建窗口。

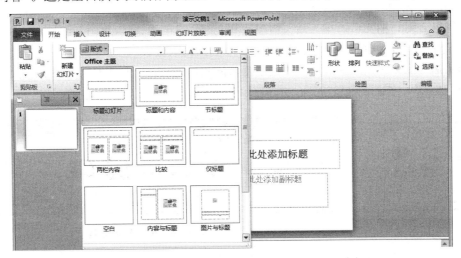

图 2-6-1　新建文档

3. 确定灯片背景等。

(1) 利用幻灯片母版完成背景设置。在 PowerPoint 2010 主界面中单击"视图"选项卡,弹出如图 2-6-2 多列视图工具组。

图 2-6-2 设置母版

(2) 在"母版视图"工具组中单击"幻灯片母版"按钮,弹出如图 2-6-3 背景工具组。

(3) 在"背景"工具组中选中"隐藏背景图形"复选项,并单击"背景样式"按钮,弹出设置背景格式对话框,界面参考图 1-14-2。

(4) 在"设置背景格式"对话框中,选择渐变填充;绿色;类型—路径等,单击"全部应用"按钮,完成全部灯片的设置背景设置。界面可参考图 1-14-3。

(5) 在母版中设置页脚。在"幻灯片母版"视图中,单击"插入"选项卡,在"文本"工具组中单击"页眉和页脚"按钮,在"页眉和页脚"对话框中,单击"页脚"按钮,并输入"上海百花旅行社",参见图 2-6-4。

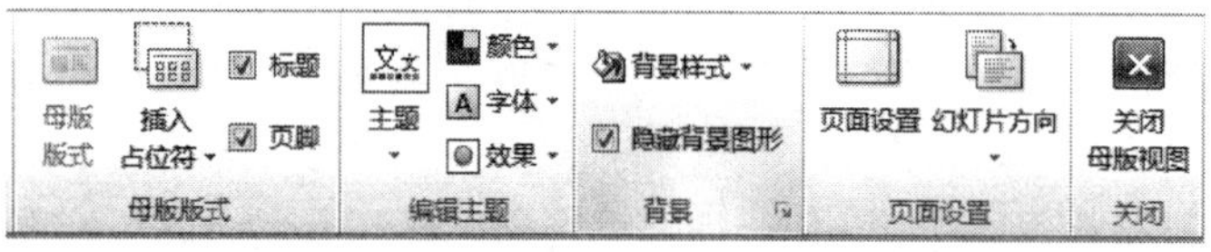

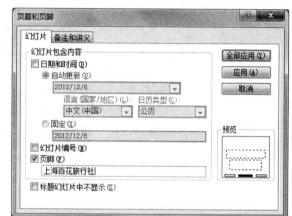

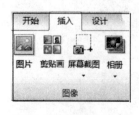

图 2-6-3 背景工作组

图 2-6-4 设置页眉和页脚

4. 编辑第一张灯片。

(1) 设置标题上海—无锡一日游为艺术字,填充—金色;强调文字颜色 3;轮廓—文本 2 等。

(2) 在左栏插入图片。在 PowerPoint 2010 主界面中单击"插入"选项卡,在"图像"工具组中单击"图片"按钮。参见图 2-6-5。

(3) 在右栏插入图片和文字。插入鼋头渚图片和文字:鼋头渚;插入惠山寺图片和文字:惠山寺;插入寄畅园图片和文字:寄畅园;插入灵山大佛图片和文字:灵山大佛。

(4) 对鼋头渚等图片作图片效果处理。选中鼋头渚图片,单击"图片工具"下面的"格式"标签,在"图片样式"工具组中选择"柔化边缘矩形"效果。参见图 2-6-6。

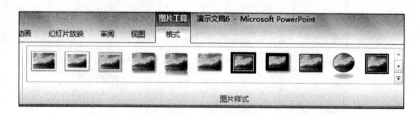

图 2-6-5 插入图片

图 2-6-6 图片工具

(5) 对鼋头渚等文字作样式处理。单击"绘图工具"下面的"格式"选项卡,在"形状样式"工具组中选择"细微效果—绿色"。参见图 2-6-7。

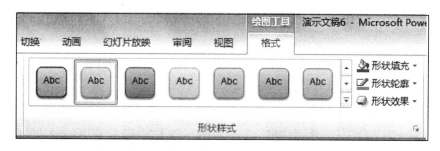

图 2 - 6 - 7　绘图工具

5．编辑第二张幻灯片。

（1）在左栏插入鼋头渚图片,添加鼋头渚文字。在右栏插入关于鼋头渚景点的文本。

（2）对鼋头渚图片作图片效果处理。参见图 2 - 6 - 6。

（3）对鼋头渚文字作样式处理。参见图 2 - 6 - 7。

6．同理,编辑第三、四、五张幻灯片。

7．编辑第六张幻灯片。设计一张出游日期、时间、地点、价目、景点等内容表格。

（1）在 PowerPoint 2010 主界面中单击"插入"选项卡,在"表格"工具组中单击"表格"按钮。在弹出对话框中单击"插入表格"项,又弹出对话框,输入列数：4;输入行数：5。

（2）在表格中输入出游日期和时间、地点、景点、价目等表头和内容等。

（3）选中表格,在 PowerPoint 2010 主界面中弹出表格工具,单击"设计"选项卡,在"表格样式"组中选择中度样式 2。界面可参考图 1 - 13 - 10。

8．设置幻灯片切换方式。

在 PowerPoint 2010 主界面中单击"切换"选项卡,在"切换到此幻灯片"工具组中选择"擦除"。

9．选择幻灯片放映方式。

（1）在 PowerPoint 2010 主界面中单击"幻灯片放映"选项卡,弹出如图 2 - 6 - 8"设置"工具组。

图 2 - 6 - 8　幻灯片放映设置

（2）在"设置"工具组中单击"设置幻灯片放映"按钮,弹出如图 2 - 6 - 9"设置放映方式"对话框。

（3）在"设置放映方式"对话框中。选择在展台浏览,换片方式选择排练时间。

（4）单击"排练计时"按钮,弹出如图 2 - 6 - 10"录制"工具,自行安排每张幻灯片放映时间。

10．插入背景音乐。

（1）单击第一张灯片,在 PowerPoint 2010 主界面中单击"插入"选项卡,在"媒体"工具组中选择"音频",在弹出对话框中选择"文件中的音频"。

（2）在弹出"插入音频"对话框中选择素材中的 MUSIC 下面的音乐—春江花月夜。

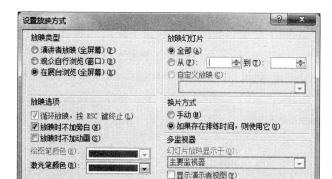

图 2 - 6 - 9　设置放映方式

（3）在弹出"音频工具"中选"播放"选项卡,在"音频选项"工具组中进行选择。参见图 2 - 6 - 11。

图 2 - 6 - 10　设置放映时间

图 2 - 6 - 11　设置音频选项

11. 文档的保存。

单击"文件"→"另存为"命令,在出现的"另存为"对话框中,选择保存位置及类型,输入文件名"无锡一日游",单击"保存"按钮,保存文档,效果如图 2-6-12 所示。

图 2-6-12 综合测试 6 作品样张

综合测试 7

制作电子计算机发展史演示文稿

一、项目背景

创新集团下属电脑公司接到上级布置的一个任务,要他们为驻沪某地解放军战士开设信息技术基础讲座,此讲座共分 20 次,每次上两节课,每节课为 30 分钟。本节内容为介绍电子计算机的发展过程。

众所周知,电子计算机自 1946 年第一台 ENIAC 电子管计算机诞生以来,经过第二代晶体管,第三代集成电路不断发展,已进入目前第四代大规模集成电路阶段,并正朝着第五代智能化计算机方向发展。

二、项目任务

运用所给定的素材,制作现代电子计算机发展过程的电子演示文稿。

在桌面上建立"计算机发展史"文件夹,作品保存在该文件夹下,文件名自定。

三、设计制作要求

1. 主题明确,能合理应用资源。列出计算机每个年代的主要特点,图文并茂,版面清晰。
2. 在第一张幻灯片中用艺术字体展示作品的主标题并设计为动画。
3. 以后五张幻灯片分别展示计算机发展五个年代的照片及文字说明。
4. 每个年代幻灯片通过超级链接等方式,播放有关的影片。
5. 各张幻灯片播放时有切换方式。

四、参考操作步骤

1. 项目任务分析。

这是一个制作简易教学软件的任务。首先应当浏览有关素材,然后确定每张幻灯片的主题。根据要求已知第一张幻灯片应该把要讲述的标题列为幻灯片的项目清单。后面的 5 张幻灯片中分别列出每一代计算机的主要特点(文字说明),并配以一张图片。另外考虑到教学的生动性,应该链接到相关的影片。

另外,各幻灯片播放时有切换方式。主标题设计为动画,以增加幻灯片的教学效果。

2．新建文件,确定幻灯片数量,确定幻灯片版式和背景。

(1) 打开 Powerpoint 2010 后,点击文件中新建命令,选定空白演示文稿作为第一张幻灯片,版式选标题和文本。

(2) 设计幻灯片背景。单击"设计"选项卡后,单击"背景样式"选项卡,则在弹出的对话框中(界面可参考图 1-14-3),选择渐变填充;预设颜色;类型等,并单击"全部应用"按钮,完成所有灯片的背景设置。

图 2-7-1 文本工具组

3．编辑第一张幻灯片。

(1) 设置演示文稿的标题为艺术字。在 PowerPoint 2010 主界面中单击"插入"选项卡,在"文本"工具组中单击"艺术字"按钮,参见图 2-7-1文本工具组。

(2) 单击"艺术字"按钮,在弹出下拉式列表中选择合适的艺术字样式,本题选择"填充—白色,投影;形状填充—蓝色;形状效果—发光"。填入标题"电子计算机发展史"即告完成。界面可参见图 1-14-4。

(3) 输入项目文本,采用合适的项目符号。

(4) 对项目文本设置动画。在 PowerPoint 2010 主界面中选定项目文本中第一条,单击"添加动画"选项卡,弹出如图 2-7-2动画选择窗口。

(5) 在窗口中选择"浮入"。

(6) 同理对项目文本中其他几条逐一添加动画—"浮入"。

4．编辑第二张幻灯片。

(1) 在 PowerPoint 2010 主界面中单击"开始"选项卡,单击"新建幻灯片"按钮,在弹出下拉式列表中选择两栏内容,结果如图 2-7-3。

图 2-7-2 动画选择

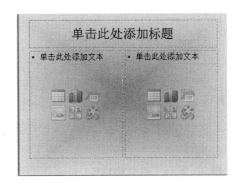

图 2-7-3 新建"两栏式"幻灯片

(2) 输入标题:"第一代电子管计算机(1945~1956)——ENIAC"。

(3) 在左栏插入图片。由于给定的素材中图片需要作旋转处理,可以用 ACDSee、Photoshop、画图等多种软件进行处理。本例采用画图打开,如图 2-7-4。然后利用垂直翻转完成旋转。如图 2-7-5。注意图片尺寸包含白底,所以在白底右下角利用鼠标往左上角拖曳到和图片大小一样。

(4) 在右栏插入关于 ENIAC 文本。内容要求精练,突出主题。

(5) 插入影片按钮。在 PowerPoint 2010 主界面中单击"插入"选项卡,在"插图"工具组中单击"形状"按钮,在弹出下拉式列表中选择影片按钮。在按钮上方,添加"ENIAC"文字。

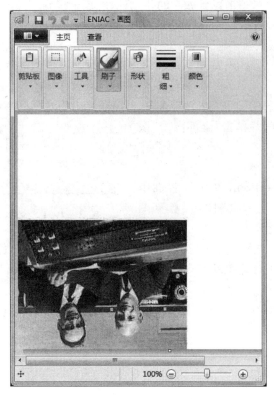

图 2 - 7 - 4　画图工具　　　　　　　　　　　图 2 - 7 - 5　图片旋转

（6）添加 ENIAC 影片。右击影片按钮，选择超链接，弹出如图 2 - 7 - 6 对话框，单击"运行程序"按钮，单击浏览按钮，在弹出对话框中选择 ENIAC.avi。

（7）添加超链接。选中 ENIAC 右击，在弹出对话框中选择超级链接。在插入超链接设置对话框中，单击浏览目标中的文件按钮，在弹出对话框中选择 ENIAC.htm。如图 2 - 7 - 7。

图 2 - 7 - 6　建立超链接

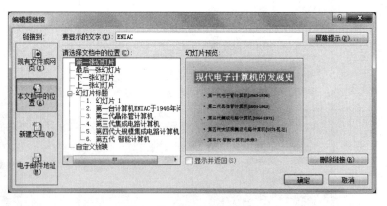

图 2 - 7 - 7　编辑超链接

5. 同理编辑第三张幻灯片、第四张幻灯片、第五张幻灯片、第六张幻灯片。

6. 设置各幻灯片播放时的切换方式。

（1）在 PowerPoint 2010 主界面中单击"切换"选项卡，在"切换"工具组中单击"分割"。参见图1 - 15 - 9切换工具组。

（2）单击"切换"选项卡，在"计时"工具组中选择"单击鼠标时"的复选项，然后设置灯片的切换时间。参见图 2 - 7 - 8。

图 2 - 7 - 8　设置切换时间

7. 文档的保存。

单击"文件"→"另存为"命令，在出现的"另存为"对话框中，选择保存位置及类型，输入文件名"现代电子计算机发展",单击"保存"按钮,保存文档,效果如图2-7-9所示。

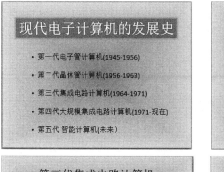

图 2-7-9 综合测试 7 作品样张

综合测试 8

制作"中国非物质文化遗产——上海代表作"演示文稿

一、项目背景

为推动我国非物质文化遗产的抢救、保护与传承;我国设立了"中国非物质文化遗产代表作"制度,鼓励公民积极参与非物质文化遗产的保护工作。在国务院公布我国第一批国家级非物质文化遗产代表作中,上海有 9 个项目获此殊荣。

二、项目任务

请运用所给的素材,制作主题明确,列出"中国非物质文化遗产上海代表作"的主要形式,图文并茂,版面清晰的"中国非物质文化遗产上海代表作"的多媒体电子演示文稿。

完成的作品以"上海代表作.pptx"为文件名,保存在指定盘中。

三、设计制作要求

1. 设计不少于 10 张幻灯片,介绍中国非物质文化遗产 9 个上海代表作的详细情况和表现形式。

2. 第一张幻灯片主题:"中国非物质文化遗产",副标题:"上海代表作",均用艺术字。以后 9 张幻灯片,分别展示 9 个上海代表作的照片和文字说明,要求图文并茂,排版合理。

3. 第一张幻灯片必须通过代表作的文字列表目录,链接到其他幻灯片,每项代表作介绍的演示文稿应能返回到第一张幻灯片。

4. 每张幻灯片播放时设置"华丽型—时钟"切换方式。

5. 给文字和图片都加上合适的动画效果。

6. 整套幻灯片要求有统一风格的背景。

四、参考操作步骤

1. 新建演示文档、插入艺术字、目录、图片、设置模板。

（1）新建幻灯片：启动 PowerPoint 2010，新建 10 张新的幻灯片。

（2）插入艺术字：在第一张幻灯片的标题栏中，输入"中国非物质文化遗产"，设置字体：隶书、48 磅、红色；插入艺术字："上海代表作"，样式为"渐变填充—蓝色、强调文字颜色 1"；字体：60 磅；

（3）输入 9 个代表作项目：在副标题框中，输入"昆曲"、"京剧"、"越剧"等九个代表作名称，并设置项目符号。

（4）插入图片：插入一张介绍"上海代表作"的图片，并且设置合适的大小和位置。做好的第一张幻灯片如图 2-8-1 所示。

（5）制作第 2～10 张幻灯片：在第 2 张幻灯片的标题处，输入文字"昆曲"，并且设置字体：黑体、60 磅、蓝色，放置在合适的位置。再插入"昆曲"的相关图片和说明文字。用同样的方法，制作另外 8 个"上海代表作"的幻灯片。

（6）设置模板：选中任一张幻灯片，单击"设计"菜单，在"主题"区域，选择"聚合"，选择合适的应用幻灯片设计模板，右键单击该主题模板，在弹出的对话框中，选择"应用于所有幻灯片"，如图 2-8-2 所示。则将整套幻灯片设置成统一风格的模板。

图 2-8-1 第一张幻灯片样子

图 2-8-2 设置统一模板

2. 设置超链接、"返回"和"结束"按钮。

（1）设置超链接：选中第一张幻灯片上的目录"昆曲"字符，单击"插入"菜单，选择"超链接"命令，在弹出的"插入超链接"列表框中，选"第二张幻灯片"，单击"确定"按钮。如图 2-8-3 所示。

（2）设置"返回"和"结束"动作：选中第二张幻灯片，单击"插入"菜单，选择"形状"命令，在弹出的列表框中，选"动作按钮"组中的"返回"形状，用鼠标在第二张幻灯片的右下角空白处，拖曳出一个"返回"按钮，在弹出的"动作设置"对话框中，选择"超链接"到"第一张幻灯片"单击"确定"按钮。如图 2-8-4 所示。用同样方法，制作"结束"按钮。

图 2-8-3 超链接设置

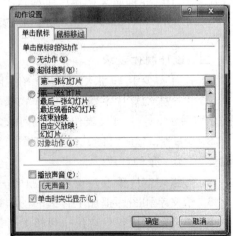

图 2-8-4 动作设置

（3）设置"按钮"格式：用鼠标选中"按钮"边上的点，将两个按钮拖曳至合适的大小和位置。再设置按钮的线条和填充颜色：右键单击"返回"按钮，在快捷菜单中，选择"设置形状格式"命令，在弹出的对话框中，设置线条颜色、填充颜色等，单击"确定"按钮。如图 2-8-5 所示。

（4）复制按钮：右键单击"返回"按钮，在快捷菜单中，选择"复制"命令，选中第三张幻灯片，右键单击任意处，在快捷菜单中，选择"粘贴"命令，则将第二张幻灯片上的"返回"按钮，复制到第三张幻灯片上了。以此类推，给第 4 至第 10 张幻灯片，加上"返回"和"结束"按钮。

图 2-8-5 设置按钮格式　　　　　图 2-8-6 设置幻灯片切换方式

3. 幻灯片的切换和动画设置。

（1）幻灯片切换：选中第一张幻灯片，单击"切换"菜单，在弹出的"切换"列表中，选择合适的切换方式。当选定某种切换效果以后，则在旁边的"效果选项"中，会出现相匹配的选项供选择，不同的切换方式，有不同的"效果选项"。本例选"华丽型—时钟"双击该图标即可。如图 2-8-6 所示。单击"效果选项"，选择"顺时针"如图 2-8-7 所示。并单击"全部应用"按钮，则将整套幻灯片设置为统一的切换方式。如图 2-8-8 所示。

（2）自定义动画：选中要设置动作的对象，单击"动画"菜单，在弹出的"动画"列表中，选择合适的预设的动画动作，本例选"弹跳"，单击"弹跳"图标即可，如图 2-8-9 所示。

图 2-8-7 选"顺时针"效果　图 2-8-8 设置统一切换方式　　　图 2-8-9 自定义动画

要将其他对象设置成相同的动画动作，为了避免制作相同动画繁琐的重复操作，可以利用"动画刷"来完成。见图 2-8-9。

（3）要设置更多自定义动画效果，可以单击"动画"菜单，在"高级动画"区域，单击"添加动画"按钮，在弹出的"动画"列表框下，选择"更多效果"选项，如图 2-8-10 所示。在随后出现的"添加效果"对话框中，选择合适效果选项，如图 2-8-11 所示。

如果单张幻灯片中的动画效果较多，为方便设计动画，可以打开"高级动画"区域中的"动画窗格"进行设计，也可以在"计时"区域中设置动画的开始、持续和延迟时间。如图 2-8-12 所示。

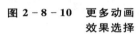

图 2-8-10　更多动画
效果选择

图 2-8-11　选择添加效果

图 2-8-12　在"动画窗格"中设置
动画播放时间

4. 保存文件。

单击"文件"菜单的"另存为"命令,将文件以"上海代表作.PPTX"为文件名保存在指定目录中。

五、参考样张

如图 2-8-13 所示。

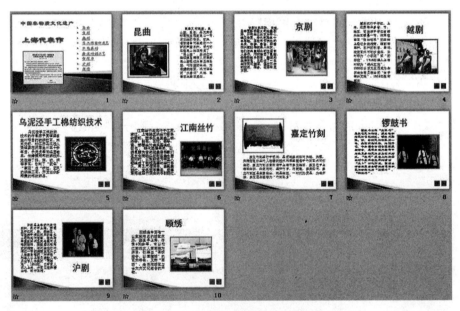

图 2-8-13　综合测试 8 作品样张

综合测试 9

制作中国四大民间神话故事演示文稿

一、项目背景

列入国家级非物质文化遗产名录的中国四大民间神话传说故事,是指在中国民间以口头、文稿等形式流传最为宽广、影响最大的四个神话传说：《梁山伯与祝英台》、《白蛇传》、《牛郎织女》、《孟姜女哭长城》，它们和其他民间神话传说故事，构成了中国民间文化的一个重要组成部分，对广大民众的生活有着深刻的影响。这四个传说全部是爱情故事，也从一个侧面反映了人们对真挚感情的认可。

二、项目任务

有关中国四大民间神话传说故事的资料，已放在桌面上的"多媒体素材"文件夹下。请运用所给的素材制作一个多媒体演示文稿。将完成的作品以"四大神话.pptx"为文件名保存在指定目录下。

三、设计制作要求

1. 设计至少 6 张幻灯片，每个神话故事有一张幻灯片介绍，其中第一张幻灯片是主题和前言，最后一张幻灯片，谈谈自己对中国四大民间神话故事的感想。

2. 第一张幻灯片的主题用艺术字、四大神话故事的名称用列表目录图形展示，可以链接到其他幻灯片，后面每个神话传说故事的幻灯片应能返回到首页。

3. 每张幻灯片上要有标题、图片及相应的文字说明。

4. 请运用自选图形功能，对"多媒体素材"的有关图片，外形要作适当的图片处理，使插入幻灯片的图片有六角形、圆形等样式，使图片更加完美，增强艺术效果。

5. 在介绍每一个神话故事的幻灯片上，至少插入一个相关的视频或音频资料，更加生动地体现中国四大民间神话传说故事的详细内容和表现形式。

6. 整套幻灯片播放时设置切换方式，文字和图片都加上合适的动画效果。

7. 整套幻灯片的背景选择预设的某种合适的效果。

四、参考操作步骤

1. 演示文档的目录设置和编辑。

(1) 新建幻灯片：启动 PowerPoint 2010，新建 6 张新的幻灯片。

(2) 插入艺术字：在第一张幻灯片中，插入艺术字"中国四大民间神话传说"，"填充—橙色，强调文字颜色，3 轮廓—文本 2"设置字体：隶书、54 磅；形状样式为"强烈效果—绿色，强调颜色 3"，形状效果：预设 4，将艺术字拖曳放置在合适位置。

(3) 插入自选图形：单击"插入"菜单，选择"形状"命令，在弹出的列表框中，选"基本形状"组中的"棱台"形状，用鼠标在第一张幻灯片中，拖曳出一个"棱台"图形，右键单击该图形，在弹出的快捷菜单中，选择"编辑文字"，输入"梁山伯与祝英台"，设置合适的字体、大小、颜色和边框。

(4) 复制自选图形：选中设置好的"棱台"形状，按住键盘中的[Ctrl]键，用鼠标拖曳复制出一个"棱台"图形，将图形中的文字改成"白蛇传"，用同样方法，完成另外两个自选图形的制作。并且设置合适的宽度和位置。

(5) 插入图片：插入一张介绍"四大神话"的图片，并且设置合适的大小和位置。

(6) 制作文字：在幻灯片的副标题文本框中，输入与"四大神话"相关的说明文字，并且设置合适的字体、大小、颜色和位置。

(7) 制作第 2～6 张幻灯片：在第 2 张幻灯片的标题处，输入文字"梁山伯与祝英台"，并且设置字体和颜色，放置在合适的位置。再插入相关图片和说明文字。用同样的方法，制作另外 4 张幻灯片。

(8) 设置模板：选中任一张幻灯片，单击"设计"菜单，在"主题"区域，选择合适的应用幻灯片设计模板，本例选择"气流"模板，右键单击该主题模板，在弹出的对话框中，选择"应用于所有幻灯片"，则将整套幻灯片设置成统一风格的模板。

2. 设置超链接、返回按钮。

(1) 设置超链接：选中第一张幻灯片上的自选图形"梁山伯与祝英台"，单击"插入"菜单，选择"超链接"命令，在弹出的"插入超链接"列表框中，选"第二张幻灯片"，单击"确定"按钮。

(2) 设置"返回"按钮：单击"插入"菜单，选择"形状"命令，在弹出的列表框中，选"动作按钮"组中的"返回"形状，用鼠标在幻灯片的右下角空白处，拖曳出一个"返回"按钮，在弹出的"动作设置"对话框中，选择"超链接"到"第一张幻灯片"单击"确定"按钮。

3. 幻灯片的切换和动画设置。

(1) 幻灯片切换:选中第一张幻灯片,单击"切换"菜单,在弹出的"切换"列表中,选择合适的切换方式。单击"全部应用"按钮,将整套幻灯片设置为统一的切换方式。

(2) 自定义动画:选中要设置动作的对象,单击"动画"菜单,在弹出的"动画"列表中,选择合适的动画动作,要将别的对象设置成相同的动画动作,可以利用"动画刷"来完成。

4. 插入音频和视频文件。

(1) 插入音频文件:单击"插入"菜单的"音频"命令,在快捷菜单中选"文件中的音频",如图2-9-1所示。在弹出的"插入音频"对话框中,选择需要插入的音频文件,单击"插入"按钮。

图 2-9-1 插入音频

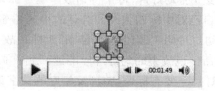

图 2-9-2 音频控制显示

这时,在幻灯片中出现声音图标"小喇叭"图形,当鼠标选中该图形时,则在"小喇叭"图形的下方,会显示音频文件的控制图标,如图2-9-2所示,可以控制音频文件的播放、暂停、结束等。控制图标实时反映音频文件的总长度,及当前播放的时间点等信息。

(2) 设置音频文件格式:单击"小喇叭"图形,在出现的浮动"音频工具"中选择"播放"命令,在菜单中,可以设置音频音量、裁剪音频、循环播放、放映时隐藏图标、播放开始方式等。如图2-9-3所示。

图 2-9-3 设置音频文件格式

也可以右键单击"小喇叭"图形,在出现的快捷菜单中,如图2-9-4所示,设置音频格式等的操作。

(3) 设置背景音乐:插入要设置成背景音乐的音频文件,在幻灯片中单击小喇叭图形,工具栏就弹出"音频工具",选择"播放"命令,在弹出的工具栏中,先选择"跨幻灯片播放",再选中"循环播放",如图2-9-5所示。在动画窗格中,右键单击该音频,在出现的列表框中,选择"从上一项开始"即可,如图2-9-6所示。

图 2-9-4 快捷菜单

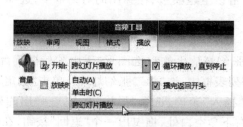

图 2-9-5 音频设置工具

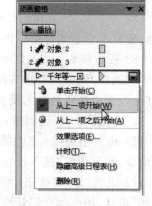

图 2-9-6 设置背景音乐

（4）插入视频文件：单击"插入"菜单的"视频"命令，在快捷菜单中选"文件中的视频"，在弹出的"插入视频"对话框中，选择需要插入的视频文件，单击"插入"按钮。

这时，在幻灯片中出现视频图框和控制图标，通过控制图标中的按钮，可以控制视频文件的播放、暂停、结束等。控制图标也实时反映视频文件的总长度、当前播放的时间点等信息。如图2-9-7所示。

（5）设置视频文件的格式：单击视频图框，在出现的浮动"视频工具"中选择"播放"命令，在弹出的工具菜单中，可以设置视频音量、裁剪视频、设置循环播放、放映时隐藏图标、播放开始方式、全屏播放等。如图2-9-8所示。

图 2-9-7 播放视频

图 2-9-8 设置视频文件

（6）更改视频图框上的图像：在浮动"视频工具"中选择"格式"命令，在弹出的工具菜单中，选择"标牌框架"中的"文件中的图像"，如图 2-9-9 所示，在弹出的"插入图片"对话框中选择合适的图片即可。当幻灯片播放过程中，如果没有播放视频，则视频图框上显示的就是该图片。

也可以右键单击幻灯片中的视频图框，在出现的快捷菜单中，设置视频格式、裁剪视频等。

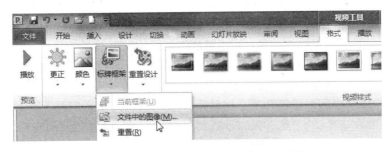

图 2-9-9 设置视频标牌框架显示图片

5. 保存文件：单击"文件"菜单的"另存为"，以"四大神话.pptx"为文件名保存在指定盘中。

五、参考样张

作品参考样张如图 2-9-10 所示。

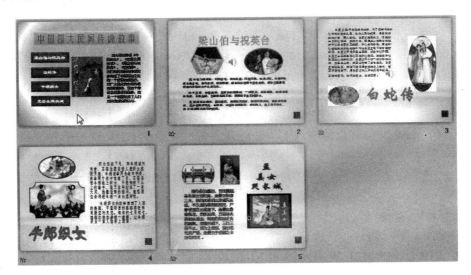

图 2-9-10 综合测试 9 参考样张

综合测试 10

制作"中国的世界遗产"宣传演示文稿

一、项目背景

世界遗产在于其具有科研或文化价值上的独一无二、不可代替、不可再现性质。根据联合国教科文组织的《保护世界文化和自然遗产公约》,世界遗产分文化遗产、自然遗产、文化和自然双重遗产、文化景观遗产。我国于 1985 年加入《保护世界文化和自然遗产公约》。截至 2012 年 7 月,中国已确认 43 处世界遗产,其中文化遗产 27 项,自然遗产 9 项,文化和自然双重遗产 4 项,文化景观 3 项。

二、项目任务

凡列入世界遗产名录的遗产地,一般可得到资金和技术上的帮助。同时,也可提高国际知名度,受到国际社会的保护。为提高和深化公众对世界文化遗产的认知,引导人们对世界文化遗产的主动保护意识,请你运用所给的素材,制作介绍"中国的世界遗产"的电子演示文稿。

最后完成的作品以"中国世界遗产.pptx"为文件名,保存在指定的文件夹下。

三、设计制作要求

1. 请你为"中国的世界遗产"宣传片设计徽标,要有文字和图片,尺寸大约为 1.5×1.5 cm,放置在每张幻灯片(除了第一张幻灯片)的右上角。

2. 设计不少于 6 张幻灯片,其中第一张幻灯片是主题"中国的世界遗产",有简单介绍世界遗产的意义和分类的文字,4 种分类和感想的目录。并且和相对应的幻灯片设置超级链接。

3. 至少有 4 张幻灯片,介绍对应的中国世界遗产的 4 个方面内容,最后一张幻灯片,就中国的世界遗产,谈谈自己的认识及体会。每张幻灯片应包含有相对应的图片及文字。

4. 为幻灯片设置页眉"中国世界遗产",方正舒体、18 磅、白色文字。

5. 在每张幻灯片的左下角(除了第一张),设置相同颜色、大小、位置的返回按钮。

6. 为幻灯片排练计时,整套幻灯片放映时间约 2 分钟,并能自动循环播放。

7. 要求幻灯片图文并茂,排版合理,字体大小合适,有统一的背景设置。

8. 整套幻灯片的主题或标题,用艺术字并设置动画效果。各幻灯片播放时设置切换方式,文字和图片都加上合适的动画效果。图片要加上粗线边框。

四、参考操作步骤

1. 母版设置。

图 2-10-1
设置幻灯片母版

(1) 打开母版设置对话框:启动 PowerPoint 2010,新建 6 张新的幻灯片。在第一张幻灯片上插入艺术字"中国的世界遗产",在副标题处输入世界遗产简介,并且设置合适的字体、大小、颜色和位置。

选中第一张幻灯片,选择"视图"→"幻灯片母版"命令,如图 2-10-1 所示,进入幻灯片母版的编辑模式,同时会出现"幻灯片母版视图"预览窗。

(2) 制作徽标:从打开的"母版"对话框中,进入幻灯片母版的编辑模式,同时出现"幻灯片母版视图"预览窗。单击"插入"菜单,选择"形状"命令,在弹出的列表框中,选"星与旗帜"组中的"前凸带型"形状,用鼠标在第一张幻灯片中,拖曳一个"前凸带型"图形。

(3) 设置徽标格式:右键单击该图形,在快捷菜单中,选择"设置图片格式",在弹出的对话框中,选择"填充"→"图片或纹理填充"选择合适的图片;选择"编辑文字",输入"中国世界遗产",设置合适的字体、大小、颜色和边框,单击"确定"按钮。做好的徽标如图2-10-2所示。

图 2-10-2
徽标

（4）用母版设置返回按钮：选中幻灯片母版编辑模式中的第一张幻灯片，单击"插入"菜单，选择"形状"命令，在弹出的列表框中，选"动作按钮"组中的"返回"形状，用鼠标在幻灯片的左下角空白处，拖曳出一个"返回"按钮，在弹出的"动作设置"对话框中，选择"超链接"到"第一张幻灯片"单击"确定"按钮。

（5）用母版设置页眉：选中幻灯片母版编辑模式中的第一张幻灯片，在幻灯片的左上角空白处，用鼠标拖曳出一个"文本框"，并输入文字"中国世界遗产"，并设置字体：方正舒体、18磅、白色。

（6）用母版设置"返回"按钮：选中幻灯片母版编辑模式中的第一张幻灯片，单击"插入"菜单，选择"形状"命令，在弹出的列表框中，选"动作按钮"组中的"返回"形状，用鼠标在幻灯片的右下角空白处，拖曳出一个"返回"按钮，在弹出的"动作设置"对话框中，选择"超链接"到"第一张幻灯片"单击"确定"按钮。

图 2 - 10 - 3
关闭母
版视图

（7）退出母版编辑：以上各项设置完毕，单击"关闭母版视图"命令，如图 2 - 10 - 3 所示。返回幻灯片普通视图页面。这时，可以看到整套幻灯片每张右上角，都有徽标，左上角都有"中国世界遗产"页眉，在左下角都有一个"返回"按钮。

（8）取消第一张幻灯片的页眉、徽标和按钮：第一张幻灯片不需要这些标识。选中第一张幻灯片，选择"设计"菜单中的"背景"区域，将单选按钮"隐藏背景图形"前的"√"选中，如图 2 - 10 - 4 所示。

图 2 - 10 - 4
隐藏第一张徽标

2. 设置目录和超链接。

（1）设置目录：选中第一张幻灯片，单击"插入"菜单，选择"形状"命令，在弹出的列表框中，选"基本形状"组中的"菱形"图形，用鼠标在幻灯片中，拖曳出一个"菱形"图形，并设置合适的大小、边框和背景颜色，再复制 4 个相同的图形，右键单击该图形，在弹出的快捷菜单中，选择"编辑文字"，分别在这五个"菱形"中输入"世界文化遗产"、"世界自然遗产"、"世界文化和自然双重遗产"、"世界文化景观遗产"、"感想"等。

（2）设置超链接：选中第一个目录，单击"插入"菜单，选择"超链接"命令，在弹出的"插入超链接"列表框中，选"第二张幻灯片"，单击"确定"按钮。用同样方法将其余四个目录与后面的相关幻灯片设置超链接。

3. 制作第 2 至第 6 张幻灯片。

在第 2 张幻灯片上插入艺术字"世界文化遗产"作为标题，在下面的文本框中，输入"世界文化遗产"的 27 种分类名称，并且设置合适的字体、大小、颜色和位置。再在幻灯片的空白处，插入一张"世界文化遗产"的相关图片。

用同样的方法，制作另外 3 个"中国的世界遗产"的幻灯片和最后一张"感想"幻灯片。并给全部图片加上边框。

为各幻灯片设置合适的切换方式，文字和图片都加上合适的动画效果。

4. 为演示文档设置播放时间和方式。

（1）排练计时：选中第一张幻灯片，单击"幻灯片放映"菜单的"排练计时"命令，进入"排练计时"状态。根据每张幻灯片的内容，控制排练计时过程，设置该幻灯片的放映总时间在 2 分钟左右，以获得最佳的播放效果。

（2）循环放映：单击"幻灯片放映"菜单的"设置幻灯片放映"命令，打开"设置放映方式"对话框，在"放映选项"区域，勾选"循环放映，按 ESC 键终止(L)"前的"√"，单击"确定"按钮。如图 2 - 10 - 5 所示。

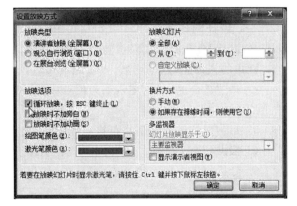

图 2 - 10 - 5 设置幻灯片放映方式

5. 设置幻灯片模版：选中任一张幻灯片，单击"设计"菜单，在"主题"区域，选择合适的应用幻灯片设计模板，本例选择"BlackTie"模板，右键单击该主题模板，在弹出的对话框中，选择"应用于所有幻灯片"，则将整套幻灯片设置成统一风格的模板。

6. 保存文件：单击"文件"菜单的"另存为"命令，将文件以"中国世界遗产.pptx"为文件名保存在指定的文件夹中。

五、参考样张

"中国世界遗产.pptx",如图 5-10-6 所示。

图 2-10-6　综合测试 10 作品参考样张

综合测试 11

各直辖市人口普查情况的统计与分析

一、项目背景

人口普查是一项重要的国情调查,对国家管理、制定各项方针政策具有重要的意义。从新中国成立后,截至 2012 年,我国在 1953 年、1964 年、1982 年、1990 年、2000 年、2010 年共进行了六次全国人口普查。

二、项目任务

第六次和第五次人口普查相关资料见素材文件夹。运用电子表格软件,对素材中的北京、上海、天津、重庆四个直辖市的人口情况进行统计,并利用统计图表进行统计分析,最后完成各直辖市的人口普查统计报告。

在桌面上建立"人口普查"文件夹,作品保存在该文件夹下,统计表格以"各直辖市人口普查情况统计表.xlsx"为文件名保存,分析报告以"各直辖市人口普查情况分析报告.docx"为文件名保存。

三、设计制作要求

1. 设计"各直辖市人口普查情况统计表",表格中应该包括 2000 年、2010 年北京、上海、天津、重庆四个直辖市的人口总数、平均数,人口的增长数以及在全国人口总数中所占的比例等。

2. 创建适合的图表,图表一方面要能反映出各直辖市人口之间的对比情况,另一方面要反映出各个直辖市的人口增长情况。

3. 对创建的统计表格进行格式的设置,使表格清晰和醒目。

4. 根据统计表创建的统计图图表类型正确,要进行格式的设置,做到简洁、明了、美观。

5. 分析报告中要有统计表、统计图,并有文字表述。

四、参考操作步骤

1. 项目任务分析。浏览提供的文件"2010 年第六次全国人口普查主要数据公报(第 2 号)"和"第五次全国人口普查_百度百科",从中找出北京、上海、天津、重庆四个直辖市的相关数据,根据设计要求,设计"各直辖市人口普查情况"统计表,见表 2-11-1。为了要清晰地表示出各直辖市之间的人口对比情况,创建的统计图类型应为"柱形图"。

表 2－11－1 各直辖市人口普查情况统计表

直辖市	第五次普查	比例	第六次普查	比例	人口增长数
北 京					
上 海					
天 津					
重 庆					
平均值					
总 计					

2. 打开电子表格软件 Excel，输入表格标题，输入设计的表格。

3. 在素材文件“2010 年第六次全国人口普查主要数据公报(第 2 号)”和“第五次全国人口普查_百度百科”中，分别找到第五次普查、比例、第六次普查、比例的数值，输入到表格中。如图 2－11－1 所示。

4. 使用公式或函数进行数据的统计。

(1) 使用公式计算人口增长数。人口增长数＝第六次普查人数－第五次普查人数。如选定单元格 F4，输入“＝D4—B4”，按回车键即可算出北京的人口增长数，用同样的方法计算上海、天津、重庆的人口增长数。

(2) 使用函数计算人口平均值。选择单元格 B8，使用“AVERAGE”(求平均值)函数，计算第五次人口普查中，四个直辖市的人口平均值。使用公式复制方式，计算第六次人口普查以及人口增长数的平均值。

(3) 使用自动求和计算人口总数。选择单元格，使用工具栏中的“自动求和∑”，计算第五次人口普查、第六次人口普查的人口总和、所占全国人口比例总和以及人口增长数总和。

结果如图 2－11－2 所示。

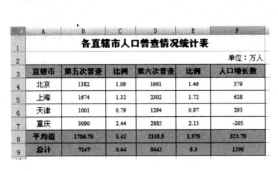

	A	B	C	D	E	F
1	各直辖市人口普查情况统计表					
2					单位：万人	
3	直辖市	第五次普查	比例	第六次普查	比例	人口增长数
4	北京	1382	1.09	1961	1.46	
5	上海	1674	1.32	2302	1.72	
6	天津	1001	0.79	1294	0.97	
7	重庆	3090	2.44	2885	2.15	
8	平均值					
9	总计					
10						

图 2－11－1 输入原始数据

	A	B	C	D	E	F
1	各直辖市人口普查情况统计表					
2					单位：万人	
3	直辖市	第五次普查	比例	第六次普查	比例	人口增长数
4	北京	1382	1.09	1961	1.46	579
5	上海	1674	1.32	2302	1.72	628
6	天津	1001	0.79	1294	0.97	293
7	重庆	3090	2.44	2885	2.15	-205
8	平均值	1786.75	1.41	2110.5	1.575	323.75
9	总计	7147	5.64	8442	6.3	1295
10						

图 2－11－2 数据统计结果

5. 对表格的格式进行设置。

根据自己的设计，对表格进行格式设置，可以设置文字的字体、颜色、单元格的边框、填充、对齐方式等。

(1) 选择要设置格式的单元格。

(2) 选择菜单“开始”→“单元格”→“格式”→“设置单元格格式”，弹出“设置单元格格式”对话框。

(3) 通过“设置单元格格式对话框”，可以设置选择的单元格的字体、数字格式、对齐方式、边框等，设置结果如图 2－11－3 所示。

	A	B	C	D	E	F
1	各直辖市人口普查情况统计表					
2						单位：万人
3	直辖市	第五次普查	比例	第六次普查	比例	人口增长数
4	北京	1382	1.09	1961	1.46	579
5	上海	1674	1.32	2302	1.72	628
6	天津	1001	0.79	1294	0.97	293
7	重庆	3090	2.44	2885	2.15	-205
8	平均值	1786.75	1.41	2110.5	1.575	323.75
9	总计	7147	5.64	8442	6.3	1295

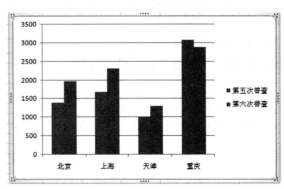

图 2－11－3 表格格式的设置结果

图 2－11－4 默认生成的柱形图

6. 制作各直辖市的人口变化情况的统计图。

（1）选择要创建图表的数据区域：选择单元格 A3 到 A7，按住 CTRL 键选择单元格 B3 到 B7，按住 CTRL 键选择单元格 D3 到 D7。

（2）选择菜单"插入"→"图表"→"柱形图"，选择一个二维柱形图。默认生成的柱形图如图 2 - 11 - 4 所示。

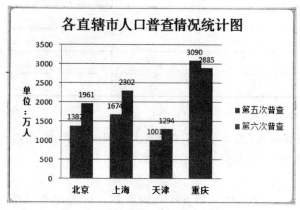

图 2 - 11 - 5 　统计图格式设置结果

7. 对创建的图表进行格式设置。

根据自己的设计，对创建的统计图进行格式设置，可以设置图表的标题、柱形的颜色、数据标签等。

单击图表，会出现"图表工具"菜单，点击"设计"选项卡，选择合适的图表布局，显示出表格的标题并将标题修改为"各直辖市人口普查情况统计图"。在"布局"菜单中，设置图表的"坐标轴标题"格式以及"数据标签"格式。

最终效果如图 2 - 11 - 5 所示。

8. 在桌面上建立"人口普查"文件夹，统计表格以"各直辖市人口普查情况统计表. xlsx"为文件名保存在该文件夹下。

9. 创建分析报告。

使用文字处理软件 Word 创建"各直辖市人口普查情况分析报告"。

（1）分析报告内容的设计。

标题："各直辖市的人口普查分析报告"（使用艺术字）。

统计表：各直辖市人口普查情况统计表。

统计图：各直辖市人口普查情况统计图。

第五次人口普查和第六次人口普查中，直辖市人口对比情况及各直辖市变化情况的分析。

（2）分析报告版面的布局设计。

（3）使用文字处理软件创建简单的分析报告。

新建一个 Word 文档，插入艺术字标题"各直辖市人口普查情况分析报告"。

把电子表格软件 Excel 中的"各直辖市人口普查情况统计表"复制到该 Word 文档中，调整位置并设置其大小、设置格式。

把电子表格软件 Excel 中的"各直辖市人口普查情况统计图"复制到该 Word 文档中，调整位置并设置其大小，设置其图片格式，其中的版式为浮于文字上面。

插入文本框，在文本框中加入对人口普查情况的文字分析描述，并进行文本框格式的设置，位置的调整。

参考结果如图 2 - 11 - 6 所示。

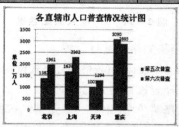

图 2 - 11 - 6 　综合测试 11 分析报告参考样例

10. 分析报告以"各直辖市人口普查情况分析报告. docx"为文件名保存在桌面上的"人口普查"文件夹下。

综合测试 12

考试成绩的统计与分析

一、项目背景

每个学期学校都要对各班、各门考试科目的考试成绩，各班平均分、最高分、最低分、各分数段等级所占比例等进行统计分析。教务处以及各位任课教师可以从中了解各班成绩表中的等级分布和变化趋势，比较不同班级的学习情况差异，为各班下学期的课程设置和教师配备提供合适的建议。

二、项目任务

请运用所给素材，完成相关数据的统计和汇总工作，并以表格和统计图表的形式对各班级的考试成绩情况进行统计分析，最后完成一份分析报告。

在桌面上建立"考试成绩"文件夹，作品保存在相应的该文件夹下，统计表格以"考试成绩.xlsx"为文件名保存，分析报告以"考试成绩分析.docx"为文件名保存。

三、设计制作要求

1. 在表格后面增加一列，统计每位考生的平均分，保留 1 位小数。

2. 以班级为单位，分别统计出每个班级学生的每门课程的平均分。

3. 使用统计表中的有关数据，制作适当的统计图，能反映各个班级之间的成绩对比以及同一个班级各门课程平均成绩的对比情况。

4. 使用分类汇总功能对不同班级的学生的每门课的平均成绩进行汇总，计算结果正确。

5. 根据统计表创建的统计图图表类型正确，要进行格式的设置，做到简洁、明了、美观。

6. 分析报告中要有统计表、统计图，并有文字表述。

四、参考操作步骤

1. 项目任务分析。

打开 Excel 文档"考试成绩.xlsx"，浏览该年级四个班级学生的考试成绩。先增加一列，使用公式或者函数计算出每个学生的平均分，然后运用分类汇总功能，将所有学生按照班级进行分类，对学生的每门课的成绩进行"平均值"的汇总，得出四个班级学生的相关数据。为了更加清晰地反映各个班级之间的成绩对比以及同一班级各门课程平均成绩的对比情况，创建的统计图的类型为"柱形图"。然后进行图表格式的设置。最后创建分析报告，分析报告中可以把 Excel 中的统计表和统计图直接复制过来，对表格和图表加以文字的分析。

2. 打开 Excel 文档"考试成绩.xlsx"，在最后面增加一列即 G 列，在 G1 单元格中输入"个人平均分"，使用"AVERAGE"（求平均值）函数，计算每个学生三门课的平均成绩。然后选中数据区域 A1 到 G97，设置单元格格式，将数字格式设置为"数值，小数位数为 1 位"。

3. 按照班级进行分类汇总。

(1) 要按照班级进行分类，首先应该将数据表按照班级进行排序。

选择单元格 A1 到 G97，选择菜单"数据"→"筛选和排序"→"排序"，在弹出的"排序"对话框中选择"班级"为主要关键字，次序为"升序"。

(2) 按照"班级"进行分类汇总。选中任一个单元格，选择菜单"数据"→"分级显示"→"分类汇总"，对弹出的"分类汇总"对话框进行设置，如图 2 - 12 - 1 所示。

单击"确定"按钮之后，分类汇总完成。在列表的左侧增加了一列大纲级别，该列顶部的按钮"　1　2　3　"为大纲级别按钮，他们用来确定数据的显示形式。

(3) 单击大纲级别按钮"2"，只显示该表格中各个班级的语文、数学、英语、个人平均分的平均值。如图 2 - 12 - 2 所示。

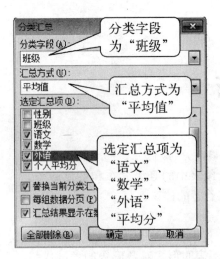

图 2-12-1 "分类汇总"对话框

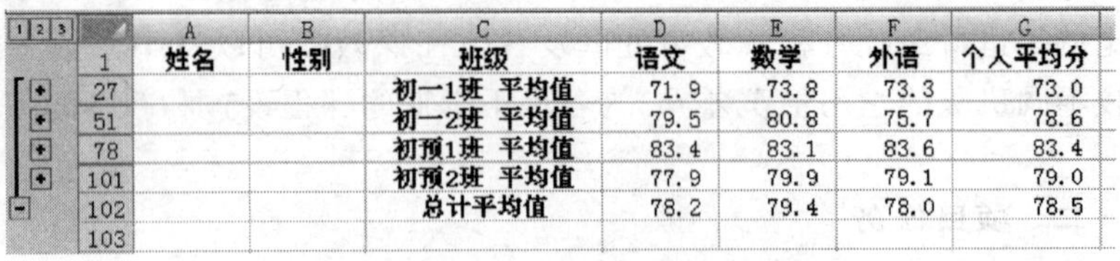

1 2 3		A	B	C	D	E	F	G
	1	姓名	性别	班级	语文	数学	外语	个人平均分
	27			初一1班 平均值	71.9	73.8	73.3	73.0
	51			初一2班 平均值	79.5	80.8	75.7	78.6
	78			初预1班 平均值	83.4	83.1	83.6	83.4
	101			初预2班 平均值	77.9	79.9	79.1	79.0
	102			总计平均值	78.2	79.4	78.0	78.5
	103							

图 2-12-2 分类汇总结果

4. 使用统计数据,创建统计图表。由于统计图表要反映各个班级的语文、数学、外语、个人平均分的对比情况,所以图表类型应该选择柱形统计图。

(1) 选择要创建图表的数据区域:选择 C1:G101。

(2) 选择菜单"插入"→"图表"→"柱形图",选择一个合适的二维柱形图,生成的图表如图 2-12-3 所示。

5. 对创建的柱形图进行格式的设置。

根据自己的设计,对创建的统计图进行格式设置,可以设置图表的标题、柱形的颜色、数据标签等。

单击图表,会出现"图表工具"菜单,在"设计"选项卡中,设置合适的图表布局,显示出表格的标题并进行修改。在"布局"菜单中,设置图表的"坐标轴标题"格式以及"数据标签"格式,如显示"个人平均分"的数据标签。

最终效果如图 2-12-4 所示。

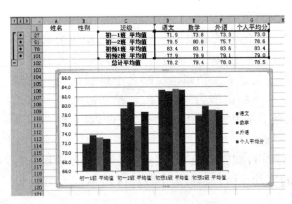

图 2-12-3 默认生成的柱形图

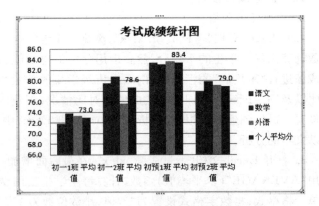

图 2-12-4 图表格式设置结果

6. 在桌面上建立"考试成绩"文件夹,统计表格以"考试成绩.xlsx"为文件名保存在该文件夹下。

7. 根据统计表格和柱形图,利用 Word 软件创建分析报告,对各个班级之间的成绩对比以及同一班级的不同学科的成绩对比情况进行分析。

(1) 设计分析报告的版面布局。

(2) 新建一个 Word 文档,使用艺术字输入文档的标题"考试成绩分析报告"。

(3) 把电子表格软件 Excel 中的"考试成绩"统计表的所需内容即分类汇总后的数据复制到该 Word 文档中。

(4) 设置数据表的格式。由于复制过来的数据表是没有边框的,所以要对数据表进行添加边框等格式设置，调整位置和大小。格式设置后的数据表如图 2－12－5 所示。

班级	语文	数学	外语	个人平均分
初一 1 班 平均值	71.9	73.8	73.3	73.0
初一 2 班 平均值	79.5	80.8	75.7	78.6
初预 1 班 平均值	83.4	83.1	83.6	83.4
初预 2 班 平均值	77.9	79.9	79.1	79.0
总计平均值	78.2	79.4	78.0	78.5

图 2－12－5 设置数据表格式

（5）把电子表格软件 Excel 中的“考试成绩统计图”复制到该 Word 文档中，调整位置及大小，设置图片格式，将版式设置为浮于文字上面。

（6）插入文本框，在文本框中加入对各个班级之间的成绩对比以及每个班级各个学科之间的成绩对比进行文字的分析描述，并进行文本框格式的设置，位置的调整。

参考结果如图 2－12－6 所示。

考试成绩分析报告

班级	语文	数学	外语	个人平均分
初一 1 班 平均值	71.9	73.8	73.3	73.0
初一 2 班 平均值	79.5	80.8	75.7	78.6
初预 1 班 平均值	83.4	83.1	83.6	83.4
初预 2 班 平均值	77.9	79.9	79.1	79.0
总计平均值	78.2	79.4	78.0	78.5

由考试成绩统计表和考试成绩统计图可以得知，初预 1 班的学生的成绩要明显高于其他班级，平均分达到 83.4 分，初预 2 班和初一 2 班的成绩差不多，在 79 分左右，初一 1 班的学生的成绩相对差了一些，只有 73 分。

初预 1 班学生三门课的平均成绩相差不大，都在 83 分左右。

预初 2 班和初一 1 班学生的情况差不多，都是数学课的平均成绩相对稍高，语文课的平均成绩相对稍低，接下来的教学中要加强语文课的教学。

初一 2 班学生的三门课的平均成绩相差较大，其中数学、语文课的成绩明显高于外语课的成绩，接下来的教学中要加强英语教学，着力提高英语课的成绩。

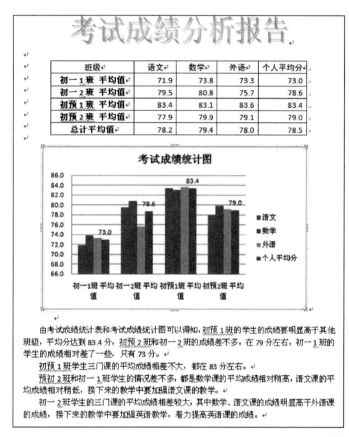

图 2－12－6 综合测试 12 分析报告样例

8. 分析报告以“考试成绩分析报告.docx”为文件名保存在桌面上的“考试成绩”文件夹下。

综合测试 13

我国入境旅游接待人数统计与分析

一、项目背景

旅游业是一种集多种产业和功能于一体的综合产业，是一个高密度、链条长、拉动力大的产业，对地方的经济有着快速和巨大的推动作用，因此全国各地都在大力发展旅游产业。而中国国土广袤、山川秀美、历史悠久，漫长的历史和辽阔的国土形成了无比丰厚的旅游资源，吸引了越来越多的外国游客、港澳台同胞前来旅游。

二、项目任务

请运用所给素材，完成相关数据的统计和汇总工作，并以表格和统计图表的形式对 2010 年 1—12 月中国入境旅游接待人数分省市情况进行统计分析，最后完成一份分析报告。

在桌面上建立“入境旅游”文件夹，作品保存在相应的该文件夹下，统计表格以“2010 年入境旅游统计

表.xlsx"为文件名保存,分析报告以"2010 年入境旅游分析报告.docx"为文件名保存。

三、设计制作要求

1. 把文字处理软件 Word 表格中"中国入境旅游接待人数分省市统计表(2010 年 1～12 月)"的有关数据复制到电子表格软件 Excel 中。

2. 统计出 2010 年全国入境旅游接待总人数,以及各类型游客的总人数。

3. 将全国各省市按照接待总人次的多少排序。

4. 使用统计表中的有关数据,制作适当的统计图,能清晰地反映在所有的入境旅游接待人数中,外国游客、香港同胞、澳门同胞、台湾同胞分别所占的比例。

5. 根据统计表创建的统计图图表类型正确,要进行格式的设置,做到简洁、明了、美观。

6. 分析报告中要有统计表、统计图,有文字表述,并用艺术字修饰报告的标题。

四、参考操作步骤

1. 项目任务分析。

打开 Word 文档"中国入境旅游接待人数分省市统计表(2010 年 1～12 月).docx",浏览 2010 年我国入境旅游接待人数分省市统计情况。可以先把 Word 中的表格复制到 Excel 中,进行统计表格式的设置,将各省市按照接待人数多少的顺序进行排序,然后再最后添加一行,进行各项的人数总和的计算。

根据设计要求,创建的统计图要能反映全国入境旅游接待游客中外国游客、香港同胞、澳门同胞、台湾同胞分别所占的比例,因此图表的类型应为饼图。然后进行图表格式的设置。最后创建分析报告,分析报告中可以把 Excel 中的统计表和统计图直接复制过来,进行相关的文字分析即可。

2. 选择 Word 中的统计表,选择菜单"开始"→"复制"命令。

3. 启动电子表格软件 Excel,选择单元格 A1,选择菜单"开始"→"粘贴"命令,将 Word 中表格复制到 Excel 中。

图 2-13-1 "排序"对话框

4. 调整各行、各列的高度和宽度。

5. 将各省市按照接待人次多少进行排序。选择单元格 A2 到 G35,选择菜单"数据"→"排序和筛选"→"排序",选择按"接待人次"排序,如图 2-13-1 所示。

6. 选定单元格 A36,输入"全国总计",使用自动求和或者 SUM 函数计算各省市接待人次总数以及接待人数构成中外国人、香港同胞、澳门同胞、台湾同胞的总人数。例如在 A36 中输入"＝SUM(B5：B35)"。

7. 按照自己的设计,对数据表进行格式设置。

8. 制作统计图。要制作能清晰地反映在所有的入境旅游接待人数中,外国游客、香港同胞、澳门同胞、台湾同胞分别所占的比例的统计图,图表的类型应该选择"饼图"。

(1) 选择要创建图表的数据区域:选中单元格 D3：G3,按住 CTRL 键选择单元格 D36：G36。

(2) 选择菜单"插入"→"图表"→"饼图",选择一个二维饼图。默认生成的饼图如图 2-13-2 所示。

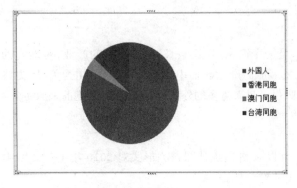

图 2-13-2 默认生成的饼图

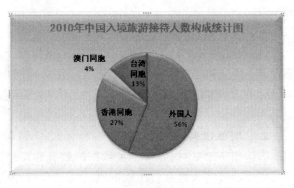

图 2-13-3 统计图的格式设置结果

9. 对创建的统计图进行格式设置。

单击饼图,出现"图表工具"菜单栏,可以对图表进行修改和编辑。

(1)修改饼图设计:选择"设计"选项卡,选择合适的图表布局,显示出图表的标题,将图表标题改为"2010年中国入境旅游接待人数构成统计图"。选择合适的图表样式。

(2)修改饼图的格式。选择"格式"→"形状填充",选择合适的填充效果。

还可以根据自己的设计对饼图进行其他格式的修改。格式设置结果如图2-13-3所示。

10. 在桌面上建立"入境旅游"文件夹,统计表格以"2010年入境旅游统计表.xlsx"为文件名保存在该文件夹下。

11. 根据统计表格和饼图,利用Word软件创建分析报告,对2010年1~12月我国入境旅游各个省市的接待人数情况以及接待人数构成即外国人、港澳台同胞等所占的比例情况进行分析。

参考结果如图2-13-4所示。

12. 分析报告以"2010年入境旅游分析报告.docx"为文件名保存在桌面上的"入境旅游"文件夹下。

图2-13-4 综合测试13参考样例

综合测试14

上海近年来城市居民家庭人均消费支出情况的统计与分析

一、项目背景

近几年来,上海城市居民的人均可支配收入不断提高,由于各项改革政策的出台,城市居民家庭消费情况如就业、住房、医疗、养老保险等也在不断地变化。

近年来,上海城市居民家庭人均消费情况的数据资料已存放在素材文件夹中。

二、项目任务

请运用所给素材,完成相关数据的统计和汇总工作,并以表格和统计图表的形式对近年来上海城市居民家庭人均消费情况进行统计分析,最后完成一份分析报告。

在桌面上建立"消费分析"文件夹,作品保存在相应的该文件夹下,统计表格以"上海近年来城市居民家庭人均消费支出情况的统计.xlsx"为文件名保存,分析报告以"上海近年来城市居民家庭人均消费支出情况的分析报告.docx"为文件名保存。

三、设计制作要求

1. 把文字处理软件 Word 表格中上海近年来城市居民家庭人均消费支出的有关数据复制到电子表格软件 Excel 中。

2. 在每种消费支出后增加一列,统计每种消费支出占总消费支出的比例,比例的显示格式为百分比,保留一位小数。

3. 使用统计表中的有关数据,制作适当的统计图,能反映食品、教育、居民近年来的变化趋势。

4. 对创建的统计表格进行格式的设置,使表格清晰和醒目。

5. 根据统计表创建的统计图图表类型正确,要进行格式的设置,做到简洁、明了、美观。

6. 分析报告中要有统计表、统计图,并有文字表述。

四、参考操作步骤

1. 项目任务分析。

打开 Word 文档"上海近年来城市居民家庭人均消费支出.docx",浏览近年来上海城市居民家庭人均消费情况。可以先把 Word 中的表格复制到 Excel 中,然后进行统计表格式的设置,进行消费总和的计算,再在每一个消费项目的后面插入一列,统计该项消费占总消费的比例。

根据设计要求,创建的统计图只要能反映食品、教育、居住近年来的变化趋势,因此只要选择三方面消费的数据,图表的类型应为折线图。然后进行图表格式的设置。最后创建分析报告,分析报告中可以把 Excel 中的统计表和统计图直接复制过来,文字分析的内容可以从给出的相应文件中选择合适的内容。

2. 选择 Word 中的表格标题和统计表,选择菜单"开始"→"复制"命令。

3. 启动电子表格软件 Excel,选择单元格 A1,选择菜单"开始"→"粘贴"→"选择性粘贴"命令,在弹出的对话框中选择"文本",结果如图 2-14-1 所示。

	A	B	C	D	E	F	G	H	I	J
1	上海近年来城市居民家庭人均消费支出									
2	年　份	食品	衣　着	家庭设备用	医　疗保	交通和通	教育文化和	居　住	其他商品和服务	
3	2001	4056	577	579	558	958	1422	796	390	
4	2002	4120	613	653	734	1115	1668	1189	372	
5	2003	4102	751	792	603	1259	1834	1280	419	
6	2004	4593	797	780	762	1703	2195	1327	474	
7	2005	4940	940	800	797	1984	2273	1412	627	
8	2006	5249	1027	877	763	2333	2432	1436	645	
9	2007	6125	1330	959	857	3154	2654	1412	764	
10	2008	7109	1521	1182	755	3373	2875	1646	937	
11	2009	7345	1593	1365	1002	3499	3139	1913	1136	
12	2010	7777	1794	1800	1006	4076	3363	2166	1218	
13										

图 2-14-1　复制原始数据

4. 选择单元格 A2:I2,选择"开始"→"对齐方式"→"自动换行"。

5. 调整各列的宽度。

6. 在 J 列统计"消费总和",通过公式统计所有消费的总和。在单元格 J2 中输入"消费总和",在单元格 J3 中输入公式:"=B3+C3+D3+E3+F3+G3+H3+I3",将公式复制到单元格 J4 到 J12。

(注意:不能直接用求和函数和自动求和工具计算,因为后面要插入列,统计各类消费的百分比)

7. 在食品、教育、居住 3 类消费后面分别插入空白列,通过公式计算各类消费占总消费的比重。计算公式为各类消费支出除以总消费支出。例如在单元格 C3 中输入公式"=B3/M3",在单元格 I3 中输入公式"=H3/M3"。

8. 各类消费占总消费比重的数字格式设置为"百分比",小数位数设为"1"。

9．设置统计表的格式。

10．使用统计表中的有关数据，制作适当的统计图，能反映食品、教育、居住近年来的变化趋势。

根据要求确定统计图的类型，因为要反映近年来的变化趋势，图表类型应选择折线图。

11．创建能反映食品、教育、居住近年来的变化趋势的统计图。

（1）选择要创建图表的数据区域：选择C3：C12，按住CTRL键选择I3：I12，按住CTRL键选择K3：K12。

（2）选择菜单"插入"→"图表"→"折线图"，选择一个二维折线图。默认生成的折线图如图2－14－2所示。

12．对创建的折线图进行修改。

（1）修改折线图标题：单击折线图，选择"图表工具"→"设计"→"图表布局"，选择合适的图表布局，显示出图表的标题和纵坐标轴标题，将图表标题改为"近年来食品、教育、居住消费支出的变化趋势图"，并设置标题的字体大小。

（2）修改折线图系列名称和横轴：选择"图表工具"→"设计"→"选择数据"命令，在弹出的"选择数据源"对话框中，修改图例项（序列），单击序列1，单击"编辑"，将序列1名称改为"食品"；单击序列2，单击"编辑"，将序列2名称改为"教育文化和娱乐服务"；单击序列3，单击"编辑"，将序列3名称改为"居住"；修改"水平（分类）轴标签"，单击"编辑"，选择水平轴标签的数据区域为A3到A12；单击确定。如图2－14－4所示。

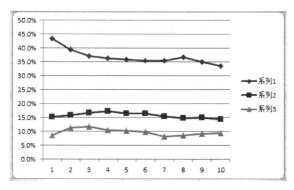

图2－14－2　默认生成的折线图

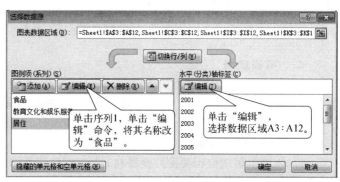

图2－14－3　"选择数据源"对话框

13．对创建的折线统计图进行格式的设置。

可以设置标题的字体，绘图区的背景等。参考结果如图2－14－4所示。

14．在桌面上建立"消费分析"文件夹，统计表格以"上海近年来城市居民家庭人均消费支出情况的统计.xlsx"为文件名保存在该文件夹下。

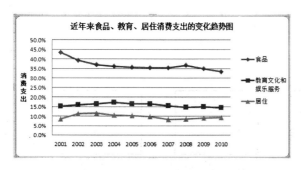

图2－14－4　折线图格式设置结果

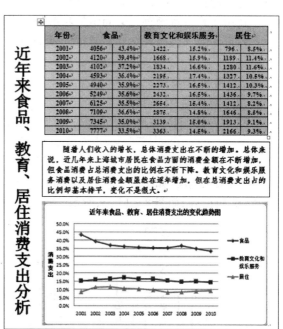

图2－14－5　综合测试14分析报告样例

15. 根据统计表格和折线统计图,利用 Word 软件创建分析报告,对近年来上海城市居民在食品、教育、居住方面的家庭人均消费情况进行分析。

参考结果如图 2-14-5 所示。

16. 分析报告以"上海近年来城市居民家庭人均消费支出情况的分析报告.docx"为文件名保存在桌面上的"消费分析"文件夹下。

综合测试 15

中国结专题网

一、项目背景

中国结,它身上所显示的情致与智慧正是中华古老文明中的一个侧面。它是数学奥秘的游戏呈现;它有着复杂曼妙的曲线,却可以还原成最单纯的二维线条;它有着飘逸雅致的韵味,出自于太初人类生活的基本工具。中国结有太多值得我们传承的理由,学校为让学生能够对中国结有更多的了解,组织几位同学制作"中国结专题网"传承这种文化。

中国结专题网所需的相关资料在"综合题资料"文件夹中。美化页面所需的素材可以通过网上下载获取。

二、项目任务

浏览中国结的照片及相关资料,并以自己的身份,设计中国结专题网。

在桌面上建立"中国结专题网"文件夹,作品保存在该文件夹下。整个项目完成后,文件夹上传。

三、设计制作要求

1. 依据主题选取相关照片及资料,设计至少三个网页,分别是中国结的起源、中国结的欣赏、中国结的制作等内容。

2. 中国结的欣赏通过中国结的照片在网页中呈现。

3. 在首页中标题醒目,表现网页主题。

4. 在某一个网页中用背景图片进行修饰。

5. 设置各网页中文字的字体、大小、颜色。

6. 创建超链接,实现在网页间的相互跳转。

7. 利用表格进行网页元素的定位和布局。

8. 网页中插入的图片必须能够正常显示。

四、参考操作步骤

1. 筛选网页需要的素材。

浏览"综合题资料"文件夹下的内容,结合自己的个人设计方案,选取需要的素材进行归类。

2. 设计页面布局(只供参考,学生自行设计)。

(1) 网站架构图,如图 2-15-1 所示。

(2) 页面布局,如图 2-15-2 所示。

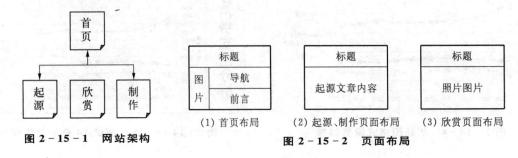

图 2-15-1　网站架构　　　　图 2-15-2　页面布局

3．制作首页。

（1）插入表格。选择菜单"插入"→"表格"。根据首页布局,设置表格"行数"为"4","列数"为"2";"边框粗细"、"单元格边距"、"单元格间距"都为"0";指定宽度为"780"像素。

（2）合并单元格。选中表格第一行,在"属性"面板中,单击"合并单元格"按钮。

（3）输入页面内容。在表格第一行输入网站标题,在第二行左单元格输入导航标题,右单元格输入网站前言,设定文字的字体、字号、颜色等。

（4）设置页面背景。在"属性"面板中,单击"页面属性"按钮,弹出对话框,单击"背景图片"后的"浏览"按钮,选择背景图片,单击"确定"按钮。

（5）保存首页。选择菜单"文件"→"保存",输入文件名"index. htm",保存网页。

4．制作文章显示页面。

（1）插入表格。选择菜单"插入"→"表格"。根据文章显示页面布局,设置表格"行数"为"2","列数"为"1";"边框粗细"、"单元格边距"、"单元格间距"都为"0";指定宽度为"780"像素。

（2）输入页面内容。在表格第一行输入页面标题,在第二行输入文章内容,设定文字的字体、字号、颜色等。

（3）创建返回首页的超链接。在网页合适的位置输入"返回首页",选中文字,选择菜单"插入"→"超级链接",单击"浏览"按钮,选择"index. htm"网页,单击"确定"按钮。

（4）保存文章显示页面。选择菜单"文件"→"保存",输入文件名"XXX. htm",保存网页。

重复以上步骤,完成其他文章显示页面的制作。

5．制作图片显示页面。

（1）插入表格。选择菜单"插入"→"表格"。根据图片显示页面布局,设置表格"行数"为"2","列数"为"1";"边框粗细"、"单元格边距"、"单元格间距"都为"0";指定宽度为"780"像素。

（2）输入页面内容。在表格第一行输入页面标题,设定文字的字体、字号、颜色等。

（3）嵌套表格。在表格第二行插入表格,设置表格"行数"为"2","列数"为"6";"边框粗细"、"单元格边距"、"单元格间距"都为"0";指定宽度为"100"百分比。

（4）插入图片。光标移至单元格,选择菜单"插入"→"图像",选择所需运动会图片,单击"确定"按钮。在新表格的所有单元格中,插入图片。

（5）创建返回首页的超链接。在网页的合适位置输入"返回首页",选中文字,选择菜单"插入"→"超级链接",单击"浏览"按钮,选择"index. htm"网页,单击"确定"按钮。

（6）保存图片显示页面。选择菜单"文件"→"保存",输入文件名"tupian. htm",保存网页。

6．制作首页超链接。

（1）打开首页。选择菜单"文件"→"打开",选择文件"index. htm"。

（2）创建超链接。分别选中首页中的导航文字,选择菜单"插入"→"超级链接",分别找到链接的网页文件,单击"确定"。

（3）保存首页。

7．样张参见光盘。

第 三 部 分

模拟试卷及分析

模拟试卷及分析1

题型	操作系统使用	因特网操作	文字资源整合		数据资源整合	多媒体作品编辑
			文字录入	Word 文档编辑		
满分	10	10	10	20	20	30

一、操作系统使用(10 分)

1. 项目背景

小王的手机里存有许多资料,有图片、短信文本和声音等文件。请你帮助小王对"备用资料"文件夹进行整理,将不同的文件进行分类存放。

2. 项目任务

在素材"备用资料"文件夹中,存放有若干个文件,按设计要求将其进行整理,将经过整理后的"备用资料"文件夹复制到指定的考生文件夹中。

3. 操作要求

(1) 在"备用资料"文件夹中建立名为"图片"、"文本"和"声音"三个文件夹。

(2) 将所有图片存放在"图片"文件夹中,文本类文件存放在"文本"文件夹中,声音文件存放到"声音"文件夹中。

(3) 将无法归类的文件删除。

4. 操作步骤

(1) 在"备用资料"文件夹中建立"图片"、"文本"和"声音"三个文件夹。

(2) 将不同类型的文件通过"复制"、"粘贴"等操作分别归类到这三个文件夹中。

(3) 将不属于这三类的文件删除。

二、因特网操作(10 分)

1. 项目背景

现在上网已是人们日常的生活方式之一,通过它,人们可以知道天下事并能和远在千里、万里的亲人和朋友交流、视频等,因此网络已成为人们不可或缺的交流工具。

2. 项目任务

根据要求设置默认主页、网上搜索以及收发邮件。

3. 操作要求

(1) 将 IE 的启动主页设置为空白页。

(2) 打开 IE 浏览器,通过百度搜索引擎(网址为: http://www.baidu.com)搜索"上海外滩"的图片,将搜索到的图片任选一张,以"外滩.jpg"为文件名保存到指定的考生文件夹。

(3) 启动电子邮件收发软件(Windows Live Mail),发一封电子邮件到 xxjs2012@126.com,主题为"会议通知",邮件内容为"开会通知已下发,收到请回复。",同时附加一个文件 C:\Program Files\Windows Live\Writer\WindowsLiveWriter.exe。

4. 操作步骤

题目(1):用鼠标右键单击 IE 浏览器图标,在快捷菜单中单击"属性"命令,在"Internet 属性"对话框中,选中"常规"选项卡,在主页设置区,单击"使用空白页"按钮。

题目(2):

(1) 双击 IE 浏览器图标,在地址栏中输入 http://www.baidu.com 后,回车。

(2) 在出现的页面中,选择搜索类型为图片,在内容栏中填入"上海外滩",回车。

(3) 在选中的图片上单击右键,在其快捷菜单中选择"图片另存为"命令。

(4) 出现"保存图片"对话框,根据题目要求进行填写和保存。

题目(3):

（1）启动电子邮件收发软件（Windows Live Mail）。

（2）点击"电子邮件"，在收件人栏中填入 xxjs2012@126.com，主题栏中填入"会议通知"，在正文中输入"开会通知已下发，收到请回复"。

（3）点击"插入"→"附加文件"，找到文件 C：\ Program Files \ Windows Live \ Writer \ WindowsLiveWriter. exe（也可以直接在文件名栏中输入 C：\ Program Files \ Windows Live \ Writer \ WindowsLiveWriter. exe），点击"打开"即可。再点击"发送"。

三、文字资源整合（30分）

（一）文字录入题（10分）

在 Word 中输入下列文字，以"Word 文档. docx"为文件名，保存在指定的考生文件夹中。

> 荷兰（Holland）郁金香的世界，风车的王国，伦勃朗与梵高的艺术圣地，还有浓郁美味的奶酪制品和带着彩绘的木鞋，这里就是美丽的低地国家荷兰。
>
> 阿姆斯特丹（Amsterdam）在郁金香绽放的水都，带上巧克力和奶酪，骑着自行车去运河找浪漫，或者"宅"在博物馆里寻找梵高的踪迹。
>
> 鹿特丹（Rotterdam）是欧洲第一大港，它不仅拥有世界文化遗产小孩堤防风车群，还是现代建筑的试验场。
>
> 海牙是荷兰的海边皇城，宫殿让这座城市庄严而肃穆，而席凡宁根海滩则轻松自由，这一切使得这座城市既富帝王魅力又具现代活力。

（二）Word 文档编辑（20分）

1. 项目背景

现在来江南旅游的游客都希望去古镇参观，因此有必要做好古镇的宣传介绍工作，让广大游客更好地了解古镇的历史和文化。

2. 项目任务

请运用有关"江南古镇"文件夹中的素材，制作宣传文字资料，完成的作品以"江南古镇. docx"为文件名保存在指定的考生文件夹中。

3. 操作要求

（1）纸张大小：宽21厘米，高30厘米；页边距：上、下：2.5厘米，左、右：3.2厘米；页眉：1.8厘米。

（2）标题设计：将标题"江南六大古镇"设置为艺术字，艺术字式样：第5行第5列、隶书、48磅，形状：山形，填充效果：碧海青天。

（3）所有段落首行缩进2个字符，1.5倍行距。

（4）第三段和第四段分栏，设置为三栏等宽、分隔线格式。

（5）最后一段文字底纹：茶色，背景2；深色25％，颜色：黑色文字1淡色50％。

（6）插入图片 jngz. jpg，图片大小：宽6厘米，高5厘米。图片位置：水平居右（相对于页边距）；垂直居中（相对于页面），四周型文字环绕。

（7）添加页眉文字"江南古镇"。字体：5号、宋体、分散对齐。

4. 操作步骤

（1）打开"江南六大古镇"素材，点击"页面布局"→"纸张大小"→"其他页面大小"，填写"页面设置"：纸张：A4，宽度21厘米；高度30厘米。

（2）点击"版式"：页眉1.8厘米。

（3）点击"插入"→"页眉"→"空白页眉"，输入文字"江南古镇"，点击"开始"，选"段落"中的"分散对齐"。

（4）点击"插入"→"艺术字"，式样：第5行第5列，输入"江南六大古镇"并选中，右击，在快捷菜单中选字体：隶书、48磅，选中文字，点击"绘图工具"的"格式"命令，选择"艺术字样式"中的文字效果："山形"。

（5）选中文字，点击"艺术字样式"中的"文本填充"→"渐变"→"其他渐变"→"渐变填充"→"预设颜色"：碧海青天（可将颜色条进行调整）。

（6）选中全文，点击"开始"→"段落"中的首行缩进2个字符，1.5倍行距。

（7）选中第三、四段，点击"页面布局"→"分栏"→"更多分栏"，设置三栏等宽、分隔线格式。

（8）选中最后一段，点击"段落"中的🎨▾"底纹"：茶色，背景 2；深色 25％，选择字体颜色：黑色文字 1 淡色 50％。

（9）点击"插入"→"图片"，选中考生文件夹的图片 jngz.jpg，点击"插入"。

（10）选中图片，右击"图片大小和位置"，取消"锁定图片纵横比"的✓，取消"相对原始图片大小"的✓，高度 5 厘米，宽度 6 厘米。

（11）单击"文字环绕"选项卡，选"四周型"，单击"位置"选项卡，水平对齐方式：水平居右（相对于页边距），垂直对齐方式：垂直居中（相对于页面）。

（12）保存文件，完成的作品以"江南古镇.docx"为文件名保存在指定的考生文件夹中。

5．参考样张：如图 3－1－1。

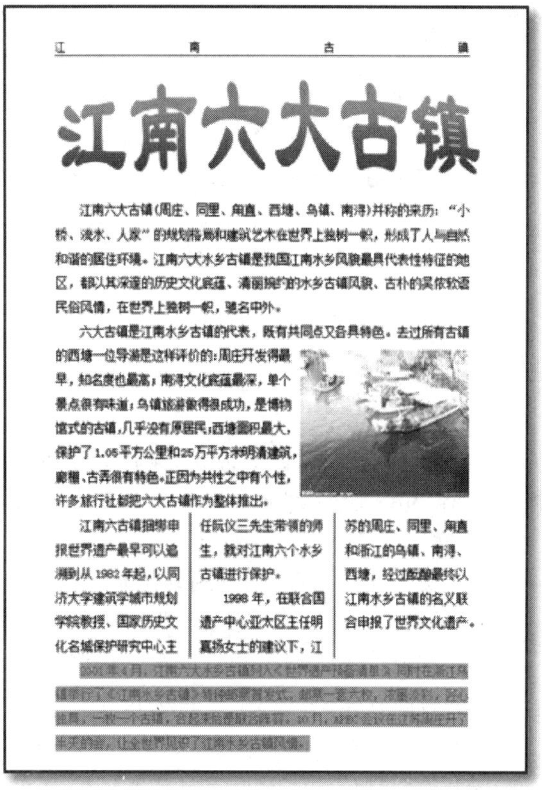

图 3－1－1 文字资源整合样张

四、数据资源整合（20 分）

1．项目背景

人口普查是一项重要的国情调查，对国家管理、制定各项方针政策具有重要的意义。

2．项目任务

请运用所给的素材，对少数民族人口情况进行统计，制作适当的统计图。完成的作品以"民族人口普查.xlsx"为文件名保存在指定的考生文件夹中。

3．操作要求

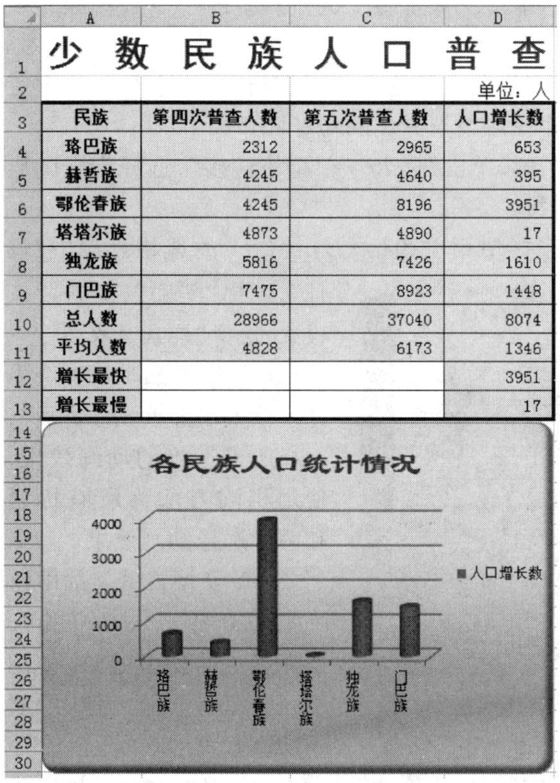

图 3－1－2 数据整合样张

（1）第一行标题"少数民族人口普查"，黑体、24 磅、加粗、水平：分散对齐、垂直：居中。

（2）从素材中整理出人口数最少的 6 个民族（以第四次人口普查为准）的相关数据，设计统计表，表格中应分别包括第四次普查和第五次普查中每个民族的人数、6 个民族人口的总和、平均人数及人口增长数、人口增长最快的民族以及人口增长最慢的民族等数据。

（3）对齐方式：单元格内所有文字居中对齐，数字右对齐；自动调整列宽。

（4）创建适合的图表，反映出少数民族人口增长情况。

4．操作步骤

（1）打开 Microsoft Excel 2010，在单元格 A1 中输入："少数民族人口普查"，选中字体：黑体、24 磅、加粗、水平：分散对齐、垂直：居中。

（2）在素材文件中，选择人数最少的 6 个民族的数据，输入到 Excel 中，制作成表格，单击"保存"，输入文件名为"民族人口普查.xlsx"，保存。

（3）利用公式计算人口增长数（第 5 次人口数－第 4 次人口数）。并计算出总人数、平均人数、人口增长最快值和增长最慢值（提示：总数、平均值、最快值、最慢值的函数:SUM、AVERAGE、MAX、MIN)。

(4) 同时选中民族(A3:A6)并和人口增长数(D3:D9),单击"插入"→"柱形图"→"簇状柱形图"。

(5) 设计统计图格式,设计统计表格式(包括标题、字体字号、边框、背景、阴影等设置)。

(6) 保存文件,完成的作品以"民族人口普查.xlsx"为文件名保存在指定的考生文件夹中。

5. 参考样张:如图3-1-2。

五、多媒体作品编辑制作(30分)

1. 项目背景

中国是一个多民族的统一国家,除汉族外还有55个民族。在全部人中,汉族人口占绝大部分,相对于汉族,其他民族的人口较少,所以统称少数民族。但每个民族不分大小,都为中华民族发展做出了贡献。

2. 项目任务

请运用有关"少数民族介绍"文件夹中的素材,制作少数民族介绍的演示文稿,将完成的作品以"少数民族介绍.pptx"为文件名保存在指定的考生文件夹中。

3. 操作要求

(1) 设计5张幻灯片,分别介绍4个少数民族的情况。要求图文并茂,版面合理。

(2) 整套幻灯片的背景主题为"华丽",背景样式设置为"样式2"效果。

(3) 其中第1张幻灯片是主题、前言和4个民族的名称。

(4) 后面各张幻灯片上要有标题、图片及相应的文字说明。

(5) 每张幻灯片的标题(采用艺术字)、图片设置动画效果。

(6) 各幻灯片播放时设置合适的切换方式。

(7) 通过第一张幻灯片中4个民族的名称导航,能直接链接到相应的幻灯片,在相应的幻灯片上设置返回按钮,能返回到第一张幻灯片。

4. 操作步骤

(1) 打开Microsoft PowerPoint 2010,连续插入5张空白幻灯片。

(2) 第一张幻灯片制作:插入标题艺术字:单击"插入"→"艺术字",选择艺术字样式并输入"少数民族介绍",点击右键,在快捷菜单中选择合适的字体、大小,并进行文本填充和文本效果的设置。点击"插入"→"文本框",输入民族名称,选中文字,选择合适的字体、大小(重复三次),共有四个少数民族的名称,进行合理适当的排版。

(3) 第二、三、四张幻灯片制作:从素材中选择某一民族,复制该民族的情况资料,对文字和图片进行适当的处理以及合理的版面设计。用相同方法制作另外三个民族情况介绍的幻灯片。

(4) 设置超级链接:选中第一张幻灯片中的某个民族名称,单击"插入"→"超级链接",选择相应民族的幻灯片页面即可,用相同方法完成其他页面之间的相互链接。

(5) 主题制作:考虑到幻灯片的整体设计,因此可以选择使用主题给幻灯片统一的风格。点击"设计",选择"华丽",点击背景样式,选择"样式2"效果。

(6) 自定义动画:选中艺术字标题,点击"动画",选择所需适当的动画效果,使用相同方法为所有标题和图片选择动画效果。

(7) 切换方式:选中第一张幻灯片,点击"切换",选择适当的切换效果,使用相同方法为其他幻灯片制作切换方式。

(8) 保存文件:将完成的作品以"少数民族介

图3-1-3 多媒体作品样张

绍.pptx"为文件名保存在指定的考生文件夹中。

5. 参考样张:如图 3 - 1 - 3。

模拟试卷及分析 2

一、操作系统使用(10 分)

1. 项目背景

最近班级里要进行一次读书心得的交流会,同学们事先交给班长陈东许多相关的文章,由于文章都放在一个文件夹中显得比较乱,因此,陈东想对文件夹进行必要的整理。

2. 项目任务

在素材"读书心得"文件夹中,存放有若干个文件,按要求将其整理,并将整理后的文件和文件夹移至指定的考生文件夹的"主题分类"文件夹中。

3. 操作要求

(1) 在考生文件夹中,建立名为"主题分类"的文件夹,并在此文件夹下分别建立名为"红楼梦"、"水浒"和"西游记"的文件夹。

(2) 各文件夹中应包括原文件夹中所有此主题的文件,如,在"红楼梦"文件夹中应包含原"读书心得"文件夹中的所有有关红楼梦题材的各类文件。

4. 操作步骤

(1) 首先在指定盘根目录下建立"主题分类"文件夹,并在此文件夹中分别建立名为"红楼梦"、"水浒"和"西游记"的文件夹。

(2) 将有关题材的文件通过"剪切"、"粘贴"等操作方法,分别归类到这三个文件夹中,无法分类的文件将其删除。

二、因特网操作(10 分)

1. 项目背景

上网现在已是人们日常的生活方式之一,通过网络人们足不出户就可以知道天下事,网络已成为人们不可或缺的交流工具。

2. 项目任务

根据要求设置默认主页、网上搜索以及收发邮件。

3. 操作要求

(1) 百度地址是:http://www.baidu.com,通过对 IE 浏览器参数进行设置,使其成为 IE 的主页。

(2) 指定网址 http://www.shedu.net,显示主页,找寻并转向"星光计划";找寻并转向"历届大赛",把当前页面全部内容(包括文字、图像等)以 html 类型、简体中文(GB2312),文件名为"ljds.htm",保存在考生文件夹中。

(3) 启动电子邮件收发软件(Windows Live Mail),查看收件箱中的邮件,将其中某一封邮件以文件名"yj.eml"保存到指定的考生文件夹中。

4. 操作步骤

题目(1)用鼠标右键单击 IE 浏览器图标,在快捷菜单中单击"属性"命令,在"Internet 属性"对话框中,选中"常规"选项卡,在主页设置区输入"http://www.baidu.com",点击"确定"。

题目(2)打开 IE,在地址栏中输入 http://www.shedu.net 后,回车。在页面中找寻并点击"星光计划",找寻点击"历届大赛",单击菜单栏"文件"(如果屏幕上没出现菜单栏,则选中并右击屏幕右上角的工具图标 ⚙,勾上"菜单栏"选项),单击"另存为",在出现的对话框中根据题目的要求保存。

题目(3)启动电子邮件收发软件(Windows Live Mail),点击收件箱,选中要保存的邮件,单击菜单栏中的 📋▾ 标志的三角按钮,出现下拉菜单,选"保存"→"另存为文件",出现对话框,填入指定的考生文件夹路径、文件名"yj"、类型"eml"保存到指定的考生文件夹中。

三、文字资源整合(30 分)

(一) 文字录入题(10 分)

在 Word 中输入下列文字,以“Word 文档.docx”为文件名,保存在指定的考生文件夹中。

> 代尔夫特　(荷兰语:Delft)是荷兰南荷兰省的一个城市,地处海牙和鹿特丹之间。人口94 577(2006 年 6 月 1 日,来源:荷兰 CBS)。由于拥有荷兰高等学府代尔夫特理工大学和研究机构荷兰应用科学研究所,代尔夫特也被称为知识之城。
>
> 代尔夫特是荷兰著名观光城市之一。代尔夫特拥有一个历史性内城,内城以前有环城水道护城,但现在只能看到部分河段。内城遍布水道和小桥,老建筑林立,和阿姆斯特丹的市中心颇有相似之处,因此也有人称代尔夫特是阿姆斯特丹的缩影。代尔夫特最著名的纪念品是源自中国的青花瓷器,荷兰文称 Delfts Blauv。

(二) Word 文档编辑(20 分)

1. 项目背景

今年学校运动会的报名工作开始了,各个班级的学生都在踊跃报名,准备参加比赛。

2. 项目任务

请运用“参赛报名表素材.docx”,修改运动员报名表,最后完成的作品以“参赛报名表.docx”为文件名保存在指定的考生文件夹中。

3. 操作要求

(1) 标题设计:输入标题“运动员参赛报名表”,并设置为艺术字,式样:第 1 行第 1 列;字体:黑体、28 磅;形状:正 V 形。

(2) 增加 400 米项目,报名参加的有:张宏云、程龙江,新增加的刘潇潇将参加 100 米和跳高项目(增加在最后一行)。删去铅球项目。

(3) 各项目按以下次序从左至右排列:100 米、200 米、400 米、跳高和跳远(要求按列进行操作)。

(4) 格式要求:黑体、四号,单元格内容居中,表格居中,调整列宽、行高。

(5) 表格设置边框线:外边框 3 磅单线,表内单线为 0.5 磅,双线为 0.75 磅。

(6) 在表格左上角单元格中,画斜线,并填写相应的内容。

4. 操作步骤

(1) 打开文件“参赛报名表素材.docx”,点击“插入”→“艺术字”,选式样:第 1 行第 1 列,输入“运动员参赛报名表”并选中,右击,在快捷菜单中选字体:黑体、28 磅,选中文字,点击“绘图工具”的“格式”命令,选择“艺术字样式”中的“文字效果”→“转换”→“正 V 形”。

(2) 选中“100 米”栏(一列),将它拖到“跳高”栏之前。选中“200 米”一列,拖到“跳高”栏之前。选中“跳高”栏,点击右键,“插入”→“在左侧插入列”,根据要求输入内容。选中“铅球”栏,点击右键,“删除列”。

(3) 选中“朱宇”一行,点击右键,“插入”→“在下方插入行”,根据要求输入内容。

(4) 选中单元格内容:字体为黑体、四号,点击居中。选中表格,点击居中。

(5) 选中表格,点击“段落”:选外边框 3 磅单线,表内单线为 0.5 磅,双线为 0.75 磅。

(6) 选中第一行第一列,点击“边框和底纹”图标/“斜下框线”,填写相应的内容。

(7) 保存文件,以“参赛报名表.docx”为文件名保存在指定的考生文件夹中。

5. 参考样张:如图 3-2-1。

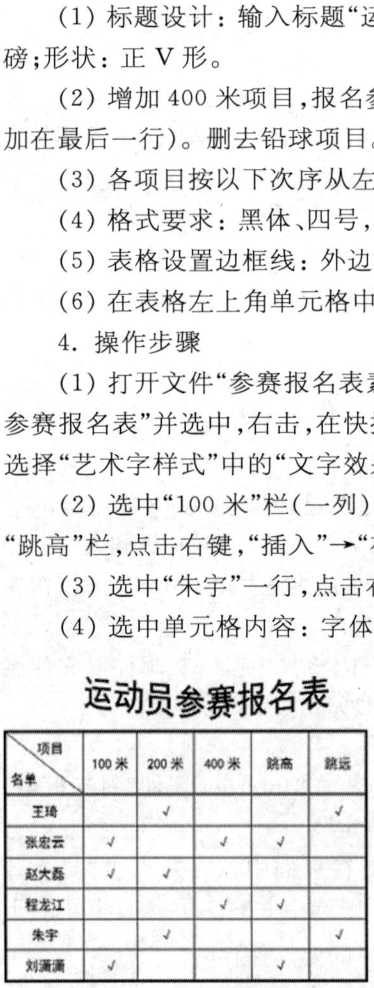

运动员参赛报名表

项目 / 名单	100 米	200 米	400 米	跳高	跳远
王琦		√			√
张宏云	√		√	√	
赵大磊	√	√			
程龙江			√	√	
朱宇		√			√
刘潇潇	√			√	

图 3-2-1　文字资源整合样张

四、数据资源整合(20 分)

1. 项目背景

近年来市场上的节能灯产品越来越多,节能灯的光效比普通灯泡要高很多,在同样照明条件下,节能灯所消耗的电能要少得多,所以它正在逐步替代普通灯泡进入千家万户。

2．项目任务

请运用素材，对几种灯泡用电量及电费进行统计(按某家庭使用 6 只灯泡计算电费;电费按每度电 0.6 元计算)，并利用图表进行统计分析，完成的作品以"节能灯.xlsx"为文件名保存在指定的考生文件夹中。

3．操作要求

(1)从素材中整理出普通灯泡、节能灯、EEFL 节能灯的相关数据，设计统计表，表格中应包含普通灯、节能灯、EEFL 节能灯每天用电量和电费支出;每月用电量和电费支出以及每年用电量和电费支出情况。

(2)创建适合的图表反映出普通灯泡、节能灯、EEFL 节能灯每年用电量以及每年电费支出情况。

(3)标题采用艺术字:第 5 行第 5 列，宋体、32 磅。

(4)表格套用"中等深浅 11"，转换为区域;所有数字均保留 2 位小数;字体为宋体，字号为 10 磅。

(5)在 A6：G18 区域，用"簇状圆锥图"展示，图标区背景填充，边框样式为 3 磅、阴影、圆角。

4．操作步骤

(1)打开 Microsoft Excel 2010，点击"插入"→"艺术字"，点击第 5 行第 5 列，输入文字"某家庭用电量及电费情况统计"，点击右键，在快捷菜单中选宋体、32 磅，并拖到合适的位置。

(2)根据题目要求，从素材中选择合适的文字和数据输入在 A2：G5 区域，并进行相应的计算。

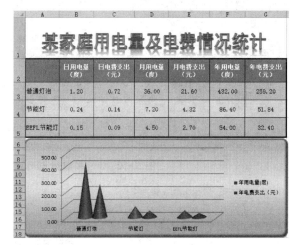

(3)选中文字和数据，字体为宋体，字号为 10 磅。

(4)选中表格，点击"样式"→"套用表格格式"→"中等深浅 11"，选择"表包含标题"→"确定"，光标停在表格中，点击右键，"表格"→"转换为普通区域"，并给表格加上边框。

(5)同时选中(A2：A5)、(F2：G5)，单击"插入"→"柱形图"→"簇状圆锥图"，图标区背景使用渐变填充，边框样式为 3 磅、阴影、圆角。

(6)保存文件，完成的作品以"节能灯.xlsx"为文件名保存在指定目录下。

5．参考样张:如图 3-2-2。

图 3-2-2　数据资源整合样张

五、多媒体作品编辑制作(30 分)

1．项目背景

随着 2008 年 7 月大陆游客赴台湾旅游启动，两岸交流进入一个全新的局面。大陆民众纷纷到台湾探亲、观光旅游，浏览台湾的风景名胜。

2．项目任务

请运用所给的素材制作一个介绍台湾风景名胜的多媒体演示文稿。将完成的作品以"台湾旅游.pptx"为文件名保存在指定考生文件夹中。

3．操作要求

(1)设计 5 张幻灯片，分别介绍 4 个景点。要求图文并茂，版面合理。

(2)其中第 1 张幻灯片是主题、前言和 4 个景点的名称。

(3)后面每张幻灯片上要有标题(采用艺术字)、图片及相应的文字说明。

(4)整套幻灯片的背景主题为"波形"，背景样式设置为"样式 10"效果。

(5)各幻灯片播放时均设置"随机线条"的切换方式。

(6)每张幻灯片的标题、图片设置动画效果，所有图片要求大小相同。

(7)通过第一张幻灯片的超级链接，能直接链接到相应的幻灯片，在相应的幻灯片上设置返回按钮，能返回到第一张幻灯片。

4．操作步骤

(1)打开 Microsoft PowerPoint 2010，连续插入 5 张空白幻灯片。

(2)第一张幻灯片制作:插入标题艺术字:单击"插入"→"艺术字"，选择艺术字样式并输入"台湾旅游"，点击右键，在快捷菜单中选择合适的字体、大小，并进行文本填充和文本效果的设置。点击"插入"→

"文本框"，输入景点名称，选中文字，选择合适的字体、字号（重复三次），制作四个景点名称，并进行合理的排版。

（3）第二、三、四张幻灯片制作：根据第一张幻灯片中景点名称，从素材中分别选取相应文字和图片，进行适当的处理以及合理的版面设计。用相同方法制作另外三个景点介绍的幻灯片。

（4）图片设置：选中图片，点击右键，在快捷菜单中选择"大小和位置"，取消"锁定纵横比"选项，取消"相对于原始尺寸"选项，对高度和宽度进行修改，所有图片均按该尺寸设置。

（5）设置超级链接：选中第一张幻灯片中的某个景点名称，单击"插入"→"超级链接"，选择相应景点的幻灯片页面即可，用相同方法完成所有其他页面之间的相互链接。

图 3-2-3　多媒体制作样张

5. 参考样张：图 3-2-3。

（6）点击"设计"，选择"波形"，点击背景样式，选择"样式10"效果。

（7）自定义动画：分别选中标题和图片，点击"动画"，选择所需适当的动画效果，使用相同方法为所有标题和图片选择动画效果。

（8）切换方式：选中第一张幻灯片，点击"切换"→"随机线条"，并点击"全部应用"按钮。

（9）保存文件：将完成的作品以"台湾旅游.pptx"为文件名保存在指定的考生文件夹中。

模拟试卷及分析3

一、操作系统使用（10 分）

1. 项目背景

殷之嘉同学的手机里有许多文件，有照片、短信文本、还有一些声音（铃声）文件和其他文件。请你帮助小殷对"我的手机"文件夹进行整理，将不同的文件进行分类存放，并把不必要的文件删除掉。

2. 项目任务

请将素材"我的手机"文件夹中的文件，按设计要求将其进行整理，将整理后的文件和文件夹复制到指定的考生文件夹中。

3. 操作要求

（1）在考生文件夹中，设计名为"照片"、"短信"和"铃声"三个文件夹。

（2）将内容相关的文件，存放在指定文件夹中，例如：所有图片文件存放在"照片"文件夹，文本文件存放在"短信"文件夹，所有声音文件存放到"铃声"文件夹中，每个文件夹中只能有指定类别的文件。

（3）请将无法归类到上述三个文件夹中的文件及文件夹全部删除。

4. 解题分析

设计操作基本要求与分数分配：（共10分）

（1）在指定盘中的"我的手机"文件夹中，新建3个文件夹。（共3分）

（2）文件夹的名称分别为"照片"、"短信"和"铃声"。（一个文件夹1分、共3分）

（3）每个文件夹中只能有指定类别的文件。（3分，少或错一项扣1分）

（4）将其他不能归类的文件删除。（共1分）

5. 参考操作步骤

（1）打开"我的手机"文件夹，新建"照片"、"短信"和"铃声"三个文件夹。

(2) 利用"复制"、"粘贴"等操作,将文件或文件夹移动至相应的文件夹中。

(3) 将不能归类的文件删除。

二、因特网操作(10 分)

1. 项目背景

信息技术时代,要求我们必须掌握因特网技术,搜索信息、及时掌握社会最新动态,了解最新技术,整理和保存相关资料。同时还要利用邮件与别人进行信息交流。

2. 项目任务

根据要求修改默认主页、网上搜索与保存相关信息以及利用电子邮件进行沟通交流。

3. 操作要求

(1) 将 IE 浏览器的默认主页修改为: http://www.2345.com,并将其网页放到收藏夹中,便于浏览。

(2) 使用 Internet Explorer 浏览器,通过百度搜索引擎(网址为: http://www.baidu.com)搜索"中华艺术宫"的资料,将搜索到的第一个网页内容以文本文件的格式,保存到考生文件夹下,命名为"zhysg.txt"。

(3) 启动电子邮件收发软件(Windows Live Mail),创建一封新邮件,收件人为 xxjs2012@126.com,邮件内容为"定于本周六下午一点,全体团员参观中华艺术宫,收到请回复。",并插入一张图片,路径为:"我的文档\艺术宫.jpg"。

4. 操作步骤

(1) 打开 IE 浏览器,在地址栏中输入: http://www.2345.com,在打开的网页中,单击右上角的"查看收藏夹"按钮,单击"添加到收藏夹",则把当前网页放入了收藏夹中。

(2) 打开 IE 浏览器,在地址栏中输入: http://www.baidu.com,在搜索栏中输入"中华艺术宫",单击"百度一下",在出现的页面中,打开选定的网页,将需要的内容选中,将其复制到记事本上,再另存为: zhysg.txt。

(3) 启动电子邮件收发软件(Windows Live Mail)单击"电子邮件",在收件人栏中填入 xxjs2012@126.com 在主题栏中输入"通知",在正文中输入"定于本周六下午一点,全体团员参观中华艺术宫,收到请回复。",单击"添加附件",找到文件,等"附件"传送完毕,再点击"发送"即可。

三、文字资源整合(30 分)

(一) 文字录入题(10 分)

在 Word 中输入下列文字,以"Word 文档.docx"为文件名,保存在指定的考生文件夹中。

> 上海市 2 个重大文化项目——中华艺术宫、上海当代艺术博物馆经过 2 年精心准备,于 2012 年 10 月 1 日隆重开馆试展,《海上生明月——中国近现代美术的起源》及 2012(第九届)上海双年展将分别作为两馆的开幕展览,上海世博会中国馆的"镇馆之宝"多媒体版《清明上河图》将"永驻"中华艺术宫。
>
> 上海博物馆展示古代艺术,中华艺术宫展示近现代艺术,上海当代艺术博物馆展示当代艺术。
>
> 中华艺术宫选址 2010 年上海世博会中国馆,展示面积达 6.4 万平米,拥有 27 个展厅。

(二) Word 文档编辑(20 分)

1. 项目背景

选址 2010 年上海世博会中国馆的中华艺术宫,是具有收藏保管、学术研究、陈列展示、普及教育和对外交流为基本职能的艺术博物馆,为加大宣传力度,请整理编辑一篇介绍中华艺术宫的文字资料。

2. 项目任务

请运用有关"中华艺术宫"文件夹中的素材,制作介绍中华艺术宫概况的文字资料,最后完成的作品以"中华艺术宫.docx"为文件名保存在指定文件夹中。

图 3-3-1　文字资源整合样张

3．操作要求

（1）设置标题"中华艺术宫"为二号黑体、红色、居中、左右各缩进 8 个字符,字符间距为缩放 150%,间距加宽 6 磅,添加颜色为"红色,强调文字颜色 2,深色 25%"、宽度为 1.5 磅的双线阴影边框,并填充"黄色、图案:样式 10%、红色"底纹。

（2）合并第 1、2 段落,设置正文所有段落首行缩进 2 字符,1.5 倍行距,段后间距 0.5 行。

（3）设置纸张大小为"A4";页边距为"普通";页眉:1.5 厘米,页脚:1.6 厘米;页面边框为:12 磅、艺术型样式自定。

（4）设计副标题:将标题"上海当代艺术博物馆"设置为艺术字,艺术字样式:"填充—蓝色,强调文字颜色 1,金属棱台,映像",文字方向:垂直;环绕为四周型,位置见样张,字体:华文琥珀、36 磅;颜色:橄榄色,强调文字颜色 3,深色 50%,形状样式:"细微效果—紫色,强调文字颜色 4"。

（5）按样张,将相关段落设置为两栏格式:第二栏的栏宽为 18 个字符,栏间距 2 个字符。

（6）插入图片(路径为:"我的文档\tu9.jpg"),图片大小:宽度 6 厘米、高度:4 厘米。环绕方式:四周型。图片效果:预设 10。(见参考样张)

（7）给最后一段文字加边框底纹,填充:"橙色,强调文字颜色 6,淡色 80%",边框:1.5 磅,标准绿色实线边框。

（8）添加"现代型"效果页眉文字"中华艺术宫"字体为:幼圆、小四、红色、居中。

（9）按样张插入图片,锁定纵横比,高度均为 3 厘米,加 0.75 磅红色边框。

4．参考样张:如图 3-3-1。

四、数据资源整合（20 分）

1．项目背景

期中考试后,作为班级学习委员,要对考试情况做统计分析,并将该统计表交学校教务处备案。

2．项目任务

有关的资料已存放在桌面上的"期中考试"文件夹下。

请运用所提供的资料,完成相关数据的计算,以表格和图表形式对数据进行展示,将完成的统计表以"期中考试.xlsx"为文件名保存在指定盘中。

3．操作要求

（1）请将已经休学的"乐平"同学隐藏,并且不参加统计表计算。

（2）在给出的数据表上插入一行作为标题行,标题为"期中考试统计表"颜色:水绿色—强调文字颜色 5—深色 25%,隶书,24 磅,居中。

（3）设计合适的计算方法,将有关计算出来的数据填入表格中,各项数据均保留整数。提示:最大值、最小值的函数分别是:MAX,MIN。

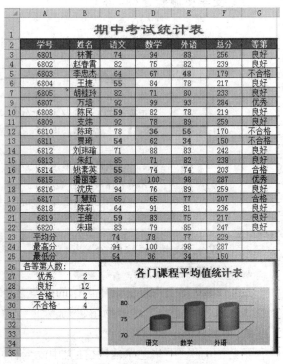

图 3-3-2　数据资源整合样张

（4）按照每位同学的三门成绩总分,用 IF 函数计算等第:大于等于 270 分为"优秀",210～269 分为"良好",180～219 分为"合格",小于 180 分为不合格。

（5）将全体同学(隐藏行不算)所有成绩中,低于 60 分用红色、加粗、黄色底纹显示。

（6）在 C26：G35 区域,将每门课程的平均分,以三维簇状圆柱图呈现出来。图表布局 3,图表样式 8,绘图区：背景填充橄榄色强调文字颜色 3,淡色 60%;图表区：边框为 3.25 磅、深红色;形状效果为：阴影—内部向右。

（7）按样张：表格样式套用"中等深浅 16",并转换为区域;表格外框线用双线、内部线用最细线。

（8）对齐方式：所有文字和数字均居中,自动调整列宽。

4. 参考样张：如图 3-3-2。

五、多媒体作品编辑制作（30 分）

1. 项目背景

上海正在向建设国际文化大都市目标,一步一步踏实迈进。要把上海建设成国内国际文化交流中心,让全中国、全世界的优秀文艺作品,都能到上海来交流汇演,发挥好上海这个大都市的作用,为文化大发展大繁荣作贡献。

2. 项目任务

有关资料放在"多媒体素材"文件夹下的"上海剧院"文件夹中。运用所给的素材制作一个介绍"上海剧院"的多媒体演示文稿。

将完成的作品以"上海剧院. pptx"为文件名,保存在指定盘中。

3. 操作要求

（1）要求不少于 5 张幻灯片,图文并茂,版面合理。

（2）第一张幻灯片的标题为"上海剧院",运用 SmatrArt 图形展示四个剧院的名称。

（3）通过第一张幻灯片上文字或图片链接到相应的幻灯片,在相应的幻灯片上设置返回按钮,能返回到第一张幻灯片,返回按钮大小、位置相同。

（4）后面每张幻灯片上要有介绍一个关于上海现代化的文艺演出场所的内容,有标题、图片及相应的文字说明。每一张幻灯片标题要用统一字体和字号,设置相同适当的动画效果。

（5）幻灯片上使用的图片大小与位置统一,图片大小：高度为 5.5 厘米,宽度为 7.3 厘米;图片加 3 磅彩色边框;预设效果 4。

（6）各幻灯片播放时设置"框"→"自左侧"的切换方式;动画效果：各对象均设置为"轮子"动画,效果选项自定。

（7）整套幻灯片的背景主题为"华丽",背景样式设置为"样式 5"效果。

（8）整套幻灯片播放时间 2 分钟,循环播放。

4. 解题分析

（1）设计基本要求与分数分配：(共 15 分)

① 至少有 5 张幻灯片。(1 分)

② 至少介绍 4 个剧院的详细情况。(5 分,少或错一项扣 1 分)

③ 其中第一张幻灯片是主题和 4 个剧院的名称。(2 分)

④ 整套幻灯片有"模板"设计。(2 分)

⑤ 每张幻灯片上有合适图片,大小、样式合适、图文并茂,排版合理。(3 分)

⑥ 每张幻灯片上有相应的文字说明、字体大小合适。(2 分)

（2）制作版面要求与分数分配：(共 15 分)

① 第一张幻灯片的主题用艺术字并设置动画效果。(各 1 分,共 2 分)

② 第一张幻灯片上通过文字或图片和后面几张的幻灯片有超级链接(3 分),后面 4 张都要有返回按钮能返回到第一张幻灯片。(3 分)

③ 幻灯片播放时设置切换方式。(3 分,漏或错一项扣一分)

④ 各幻灯片播放时文字和图片都加上合适的动画效果。(2 分)

⑤ 整套幻灯片设置播放时间和循环播放。(2 分)

5. 方法与步骤

(1) 演示文档的目录设置和编辑

① 新建幻灯片:启动 PowerPoint 2010,新建 5 张新的幻灯片。在第一张幻灯片插入艺术字"上海剧院";并设置字体:华文隶书,80 磅。

② 插入 SmatrArt 图形:选择"插入"菜单中的"SmatrArt"命令。在弹出的"选择 SmatrArt 图形"对话框中,选择"列表"区域的"垂直框列表"图形。单击"确定"按钮。再在幻灯片的 SmatrArt 图形中输入"上海大剧院"、"上海东方艺术中心"等 4 个演艺场所的名称,并设置合适的大小和文字颜色、字体。

③ 插入图片:插入两张有关"上海剧院"的图片,并且设置图片:高度为 5.5 厘米,宽度为 7.3 厘米;选中图片,在浮动"图片工具"的"格式"菜单中,选择"图片效果"中的"预设",在出现的列表框中选择"预设4"。再利用"设置图片格式"命令,给图片加 4.25 磅彩色边框。

④ 制作第 2～5 张幻灯片:在第 2 张幻灯片的标题处,输入文字"上海大剧院",并且设置合适的字体、大小、颜色和位置。再插入"上海大剧院"的相关图片和说明文字。用同样的方法,制作另外 3 个"上海剧院"的幻灯片。

⑤ 设置模板:选中第一张幻灯片,单击"设计"菜单,选中"主题"区域,在打开的"所有主题"窗格中,选择"华丽"主题模板,右击该模板,在快捷菜单中选择"应用于所有幻灯片",则将整套幻灯片设置成统一风格的模板。

(2) 设置超链接和返回按钮

① 设置超链接:选中第一张幻灯片上的目录"上海大剧院"图形,选择"插入"菜单中的"超链接"命令,在弹出的"插入超链接"列表框中,选"第二张幻灯片",单击"确定"按钮。用同样的方法,制作另外 3 个"上海剧院"与后面相对应幻灯片的超链接。

② 设置"返回"按钮:选中第二张幻灯片,选择"插入"菜单中的"形状"命令,选择"动作按钮"中的"上一张"按钮,在第二张幻灯片的右下角空白处,用鼠标拖曳出一个"返回"按钮,在弹出的"动作设置"对话框中,选择"超链接"到"第一张幻灯片"。并且设置按钮合适的大小、颜色和位置,再将该"返回按钮"复制到第 3～5 张幻灯片。

(3) 幻灯片的切换和动画设置

① 幻灯片切换:选择"切换"菜单中选择合适的切换方式,本例选"华丽型"区域中的"框",在"效果选项"中选择"自左侧"。如果要把整套幻灯片设置成相同的切换方式,则单击视窗右侧的"全部应用"按钮即可。

② 自定义动画:选中要设置动作的对象,选择"动画"菜单,选择合适的动画动作,本例选择"进入"区域的"轮子",在"效果选项"选择"4 轮辐图案"。

再利用"动画刷"将其余对象设置成相同的动画效果。

(4) 幻灯片的播放设置

① 排练计时:选择"幻灯片放映"菜单中的"排练计时"命令,在"录制"时间控制框中,控制每张幻灯片的播放时间,将整套幻灯片控制在 2 分钟播完。

② 设置循环播放:选择"幻灯片放映"菜单中"设置幻灯片放映"命令,在"设置放映方式"对话框中,勾选"循环播放,按 ESC 键终止"选项。单击"确定"按钮。

(5) 制作幻灯片的椭圆徽标

在第一张幻灯片中,选择"插入"菜单中的"形状"命令,在"基本形状"区域。选择"椭圆",在第一张幻灯片的左上角空白处,用鼠标拖曳出一个"椭圆"形状,右键单击该"椭圆",在弹出

图 3-3-3　多媒体作品样张

的快捷菜单中,选择"设置自选图形格式"命令,在"填充"选项中,选择合适的图片,并且设置该椭圆合适的大小、线条颜色和位置,再将该"椭圆"复制到第2~5张幻灯片。

(6) 保存文件

单击"文件"菜单的"另存为"命令,将文件以"上海剧院.PPTX"为文件名保存在指定盘中。

6. 参考样张:如图3-3-3。

模拟试卷及分析 4

一、操作系统使用(10分)

1. 项目背景

同学们在网上冲浪的学习中,学会了很多技能,通过网络收集了很多资料放在同一个文件夹中,因此,每隔一段时间应该对这样的文件夹进行必要的整理,将不同的文件进行分类,存放在相应的文件夹中,把不能归类的文件删除。

2. 项目任务

在素材"学习资料"文件夹中,存放有若干个文件,按设计要求将其整理,将整理后的文件和文件夹移至指定的考生文件夹中。

3. 操作要求

(1) 设计几个文件夹,分别取名为"八荣八耻"、"信息技术"和"纪念馆"。

(2) 各文件夹中应包括原文件夹中所有此主题的文件,如,在"八荣八耻"文件夹中应包含原"学习资料"文件夹中的所有有关"八荣八耻"的各种文件。

(3) 每个文件夹中只能有指定类别的文件,将无法归类到上述三个文件夹中的文件删除。

二、因特网操作(10分)

1. 项目背景

当人们启动浏览器时,总是希望能快速访问到自己想访问的网页、尽快搜索到想找的资料。通过网络收发邮件,已经是当代办公通信的必要技术技能。

2. 项目任务

根据要求设置默认主页、网上搜索以及收发邮件。

3. 操作要求

(1) 某网站的主页地址是:http://www.scasqhwz.com,打开此主页,通过对 IE 浏览器参数进行设置,使其成为 IE 的默认主页。

(2) 使用 Internet Explorer 浏览器,通过百度搜索引擎(网址为: http://www.baidu.com)搜索"职业教育"的资料,将搜索到的第一个网页内容以文本文件的格式保存到考生文件夹下,命名为"zyhy.txt"。

(3) 启动电子邮件收发软件(Windows Live Mail),创建一封新邮件,收件人为 xxjs2012@126.com,邮件内容为"定于下周一,下午 2 点,召开教务会议,请准时出席,收到请回复。"并插入图片(路径为:"我的文档\jy1.jpg")。

三、文字资源整合(30分)

(一) 文字录入题(10分)

在 Word 中输入下列文字,以"Word 文档.docx"为文件名,保存在指定的考生文件夹中。

推进中等职业教育改革创新,制定实施 2010—2012 年《中等职业教育改革创新行动计划》。以事业发展、服务产业、改革创新、基础能力 4 个方面为主要任务目标,以改革创新为突破口,着力提高中高级技能型人才培养质量。

重点实施支撑产业建设能力、教产合作与校企一体、资源整合与东西合作、支撑现代农业发展、校长和"双师型"队伍建设、专业课程体系改革、信息化能力建设、宏观政策与制度建设等 10 个分计划。通过 3 年行动计划这个载体,认真落实《国家中长期教育改革和发展规划纲要》,实现中等职业教育教学水平的全面提高。

（二）Word 文档编辑（20 分）

1. 项目背景

弘盾职业学校是专门培养电工、机械加工等技术工人的中等职业学校,为更好地做好新生的招生工作,需要整理编辑一篇宣传"弘盾职业学校"的文字资料。

2. 项目任务

请运用有关"弘盾职业学校"文件夹中的素材,制作宣传"弘盾职业学校"的文字资料,最后完成的作品以"弘盾职业学校.docx"为文件名,保存在考生文件夹中。

图 3-4-1　文字资源整合样张

4. 参考样张：如图 3-4-1。

3. 操作要求

（1）纸张大小：宽度：20 厘米,高度：28 厘米；页边距：上、下：2.6 厘米, 左、右：3.2 厘米；页眉：1.6 厘米,页脚：1.8 厘米。

（2）标题设计：将标题"上海弘盾职业学校"设置为垂直的艺术字,艺术字式样："填充—无,轮廓—强调文字颜色 2",文字环绕为四周型、字体：楷体、小初号、加粗；形状效果：预设 7。

（3）正文所有段落首行缩进 2 个字符、1.5 倍行距、段后空一行、两端对齐。

（4）按样张,将相关段落设置为右宽左窄的两栏,加分隔线格式。

（5）给最后一段文字设置为：华文琥珀、20 号,颜色为：深蓝—文字 2—淡色 40%,边框颜色为：水绿色,强调文字颜色 5、深色 25%。

（6）插入图片（路径为："我的文档\hs2.jpg"）,学校图片大小：宽度：6.5 厘米,高度：5.2 厘米。图片位置见样张,四周型文字环绕,校徽图片效果：预设 10。（位置见参考样张）

（7）添加页眉文字"弘盾职业"字体为：幼圆、加粗、15 磅、深蓝、居中对齐。

四、数据资源整合（20 分）

1. 项目背景

党中央、国务院高度重视职业教育工作,2012 年初,还专门召开座谈会,就职业教育听取各方面意见和建议,力求以科学发展观为指导,促进职业教育更好更快地的发展。

2. 项目任务

运用所给的素材,在 Excel 中以表格和统计图表的形式,对 2010 年、2011 年、2012 年中等职业学校情况进行统计分析,展现这三个年度中等职业学校的学校数量、教职工数、在校学生人数及师生比例等情况。最后完成的统计表格以"中等职业学校.xlsx"为文件名,保存在考生文件夹中。

3. 操作要求

（1）设计统计表,表格应包含 2010 年、2011 年、2012 年中等职业学校的学校数量、教职工数、在校学生人数等情况。统计表标题："中等职业学校统计表"蓝色、隶书或黑体、18 磅、合并居中。

（2）利用公式计算 2010 年、2011 年、2012 年中等职业学校教职工与学生人数师生比,以及专任教师与学生的师生比。

（3）表格样式套用"中等深浅 2"，并转换为区域；所有数字（学校数取整数）均保留 2 位小数；字体为：宋体；字号：15 磅。

（4）对齐方式：所有文字、数字均居中对齐；自动调整列宽。

（5）按样张，在表格左上角单元格中，画斜线。

（6）在 sheet1 数据表的 A11：D25 区域，将 2010 年、2011 年、2012 年的"学生在校人数"，用三维簇状条形图展示。图表区背景填充：预设—彩虹出岫；边框样式：实线、6 磅、深蓝、圆角。

4．参考样张：如图 3－4－2。

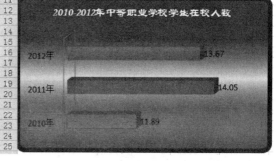

	A	B	C	D
1	三年中等职业学校统计表			
2	年份	2010年	2011年	2012年
3	学校数	84	82	81
4	教职工人数	1.27	1.12	1.09
5	专任教师	0.53	0.53	0.53
6	学生在校人数	11.89	14.05	13.67
7	教职工师生比例	10.68%	7.97%	7.97%
8	专任教师师生比例	4.46%	3.77%	3.88%

图 3－4－2 数据资源整合样张

五、多媒体作品编辑制作（30 分）

1．项目背景

介绍你所就读学校的学校概况、专业设置、教学设施、教师风采、社团活动等。

2．项目任务

请你自己收集素材，设计并制作你所就读的学校的宣传片，幻灯片上要有合适的图片和相应的文字。

最后完成的作品保存在指定考生文件夹盘中，文件名为："xxxx 学校.pptx"。

3．操作要求

（1）至少设计 6 张以上幻灯片，介绍自己就读的学校。要求图文并茂，版面合理。

（2）其中第一张幻灯片是标题和介绍学校几个方面的内容。

（3）后面每张幻灯片上要有标题、图片及相应的文字说明。

（4）每一张幻灯片的标题要用统一字体和字号，并设置动画效果。

（5）从第 3 张幻灯片开始，每张幻灯片插入 2 张以上图片，图片轮廓采用六角形、菱形等样式。

（6）各幻灯片播放时设置"时钟"的切换方式，各对象设置"弹跳"动画效果。

（7）整套幻灯片的背景主题为"波形"，背景样式设置为"样式 11"效果。

（8）幻灯片上使用的图片加彩色边框。

（9）通过第一张幻灯片上文字或图片链接到相应的幻灯片，在相应的幻灯片上设置返回按钮，能返回到第一张幻灯片，返回按钮要求大小、位置相同。

4．解题分析

（1）设计基本要求与分数分配：（共 15 分）

① 至少要做到有 6 张幻灯片。（2 分）

图 3－4－3 多媒体资源整合样张

② 至少介绍学校 5 个方面的详细情况。（3 分，少或错一项扣 1 分）

③ 其中第一张幻灯片是主题和学校 5 个方面详细情况的名称。（3 分）

④ 每张幻灯片上有相应的文字说明。（2 分）

⑤ 每张幻灯片上有合适的图片，并加上彩色粗的边框，大小要合适。（3 分）

⑥ 幻灯片图文并茂，排版合理、字体大小合适。（注：如标题

很大,正文很小,或者左右不对称。不要颜色都很深或很淡,看不清文字。2分)

(2) 制作版面要求与分数分配:(共 15 分)

① 第一张幻灯片的主题用艺术字(2 分);第一张幻灯片的主题设置动画效果。(1 分)

② 第一张幻灯片上通过文字或图片和后面几张的幻灯片有超级链接(3 分),而后面 5 张都要有返回按钮,能返回第一张幻灯片。(3 分)。

③ 幻灯片播放时设置切换方式,在播放时有动态效果。(3 分,漏或错一项扣一分)

④ 各幻灯片播放时文字和图片都加上合适的动画效果。(3 分)

(3) 关键点:文件名一定要保存正确。

5. 参考样张:如图 3 - 4 - 3。

模 拟 试 卷 5

一、操作系统使用(10 分)

1. 项目背景

小明被安排在奇瑞汽车有限公司某部门实习,上班的第一天,公司部门经理要求他将电脑中几年来公司的文件重新进行整理,将原来以年份分类的文件重新按照不同的文件类型分类,存放在相应的文件夹中,把不必要的文件删除掉。

2. 项目任务

在素材"公司资料"文件夹中,存放有按年度分类的若干个文件,按操作要求将整理后的文件和文件夹复制到指定的考生文件夹中。

3. 操作要求

(1) 在考生文件夹中,设计四个名为"Word 文档"、"图形图像"、"演示文稿"、"电子表格"文件夹。

(2) 将内容相关的文件,存放在指定文件夹中,例如将三年中所有的 Word 文件存放在"Word 文档"文件夹中、所有的图片文件存放在"图形图像"文件夹中。每个文件夹中只能有指定类别的文件。

(3) 请将无法归类到上述四个文件夹中的文件及文件夹全部删除。

二、因特网操作(10 分)

1. 项目背景

随着国际汽车市场竞争不断激烈,公司要求员工能通过因特网及时了解或掌握汽车市场的最新动态与最新技术,整理和保存相关市场信息资料。同时还利用网络工具经常与企业内部其他员工进行交流与沟通。

2. 项目任务

根据要求修改默认主页、网上搜索与保存相关信息以及利用电子邮件进行沟通交流。

3. 操作要求

(1) 将 IE 浏览器中的默认主页地址 http://www.2345.com 修改为:http://email.163.com/。

(2) 使用 Internet Explorer 浏览器,通过易车网上海站(网址为:http://shanghai.bitauto.com)查找"一汽丰田卡罗拉"上海经销商的报价。将找到的第一个网页内容以"仅 HTML"的网页格式保存到考生文件夹下,命名为"上海一汽丰田卡罗拉最新报价.htm"。

(3) 启动电子邮件收发软件(Windows Live Mail),创建一封新邮件,收件人为 jingli@live.cn,抄送为 xiaoshoubu@live.cn,邮件主题为"最新报价",邮件内容为"上海一汽丰田卡罗拉最新报价,详细内容见附件。",并添加附加文件(路径为:"我的文档\上海一汽丰田卡罗拉最新报价.jpg")。

三、文字资源整合(30 分)

(一) 文字录入题(10 分)

在 Word 中输入下列文字,以"Word 文档.docx"为文件名,保存在指定的考生文件夹中。

奇瑞汽车有限公司于1997年由5家安徽地方国有投资公司投资17.52亿元注册成立;1997年3月18日动工建设,1999年12月18日,第一辆奇瑞轿车下线。

2006年奇瑞年销售整车30.52万辆,比上年增长62%,全国市场占有率达7.2%,进入全国乘用车行业第四名。2007年上半年,奇瑞销量达到207 096辆,与06年同期相比增长30.3%,稳居中国乘用车企业前四强。

2007年8月22日,奇瑞公司第100万辆汽车下线,标志着奇瑞已经实现了通过自主创新打造自主品牌的第一阶段目标,正朝着通过开放创新打造自主国际名牌的新目标迈进。

（二）Word 文档编辑（20分）

1. 项目背景

奇瑞公司自成立以来,一直坚持发扬自立自强、创新创业的精神。为加大企业宣传力度,请整理编辑一篇介绍公司的文字资料。

2. 项目任务

请运用有关"走进奇瑞"文件夹中的素材,制作介绍公司概况的文字资料,最后完成的作品以"走进奇瑞.docx"为文件名保存在考生文件夹中。

3. 操作要求

（1）新建一空白文档,设置纸张大小为"信纸";页边距为"适中";页眉:1.5厘米,页脚:1.5厘米;页边框为:1.5磅三维线,标准绿色。

（2）设计标题:将标题"走进奇瑞"设置为艺术字,艺术字样式:"填充—蓝色,强调文字颜色1,塑料棱台,映像",文字环绕为上下型,位置为:水平相对于页边距居中;垂直相对于页边距顶端对齐,字体:楷体、初号;形状样式:"细微效果—橄榄色,强调颜色3"。

（3）所有段落首行缩进2个字符,1.5倍行距,段前间距0.5行。

（4）按样张,将相关段落设置为两栏格式:第一栏宽为18个字符,栏间距为2个字符。

（5）给前二段文字加边框底纹:标准黄色填充底纹,上下1.5磅标准绿色实线边框。

（6）插入图片（路径为:"我的文档\东方之子1.jpg"）,图片大小:锁定纵横比,宽度19厘米。图片位置:水平相对于页边距居中;垂直相对于页边距下对齐。文字环绕方式:衬于文字下方。图片样式:柔化边缘矩形。（见参考样张）

（7）添加"现代型"效果页眉文字"集团概况"字体为:黑体、小四、红色、左对齐。

4. 参考样张:如图3-5-1。

图3-5-1　文字资源整合样张

四、数据资源整合（20分）

1. 项目背景

随着企业的汽车制造技术不断提高,市场份额不断增加,奇瑞汽车的每年销量节节攀升。为适应市场需要,更好为奇瑞汽车客户做好售后服务,企业扩大了汽车配件的供应种类与数量,加强对汽车配件的管理与供应力度。

2. 项目任务

请运用所给的素材,对2012年度上海、北京和广州三大城市的汽车配件供应情况进行统计分析,并制作适当的统计图。最后完成的作品以"汽车配件供应情况.xlsx"为文件名保存在考生文件夹中。

3．操作要求

（1）在给出的 sheet4 数据表上插入一标题行，标题为"2012 年三大城市配件供应情况表"红色，黑体、22 磅、跨列居中。

（2）计算 sheet4 表中三大城市各种的配件"供应数量"和"供应价格"数据（提示：每个部件的供应数量分别为三个城市同类部件供应量之和，每个部件的供应价格为三个城市该部件供应数量总和乘以该部件的维修限价）。

（3）计算三大城市的供应总价以及各部件的达标情况（提示：达标情况可用 IF 函数，如果该部件的供应数量超过 50 则达标情况为"良好"，否则为"较低"）。

（4）表格样式套用"中等深浅 2"，并转换为区域；所有价格数字均使用货币格式；字体为：宋体，字号；11 磅。

（5）对齐方式：所有文字左对齐，数字右对齐；自动调整列宽。

（6）按样张，将表格中最后一行的三个单元格合并成一个单元格。对"供应数量"进行升序排序。

（7）在 sheet4 数据表的 E1：N25 区域，将达标情况为"良好"的部件"供应价格"用二维簇状条形图展示，图表布局 2，图表样式 4，图表区：背景填充橄榄色 60%；边框为 3 磅、红色；效果为内部右上角阴影。绘图区：背景填充橙色 40%；外部右下斜偏移阴影。

4．参考样张：如图 3－5－2。

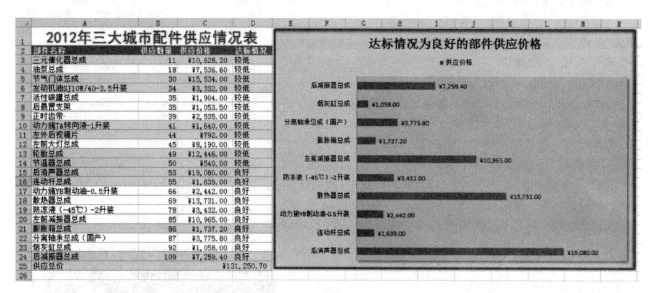

图 3－5－2　数据资源整合样张

五、多媒体作品编辑制作（30 分）

1．项目背景

奇瑞公司在激烈的市场竞争中，不断增强核心竞争力，经过 10 年来的跨越式发展，目前已成为我国最大的自主品牌乘用车研发、生产、销售、出口企业。请你制作一个关于奇瑞最新汽车品牌"东方之子"的宣传多媒体演示文稿，为发展我国汽车工业献计献策。

2．项目任务

请运用有关"走进奇瑞"文件夹中的素材，制作宣传奇瑞最新汽车品牌"东方之子"的演示文稿，完成的作品保存在指定考生文件夹中，文件名为"东方之子.pptx"。

3．操作要求

（1）至少设计 6 张以上幻灯片，分别介绍"东方之子"汽车的五大优势。要求图文并茂，版面合理。

（2）第一张幻灯片的标题为"东方之子"，副标题为"五大优势"，文字方向为竖排。运用 SmatrArt 图形展示该汽车的五大优势名称，并且能与后面相关的各幻灯片相互链接。在左上角适当位置插入奇瑞公司的 logo 标志图，应用映像圆角矩形图片样式。

（3）后面每张幻灯片上要有标题、图片及相应的文字说明。

（4）每一张幻灯片标题要用统一字体和字号，设置适当的动画效果。

（5）每张幻灯片的文字说明为宋体,深蓝,20 磅,加文字阴影,样式为"细微效果—青色",并统一大小与位置。

（6）各幻灯片播放时设置"分割"的切换方式;从第二张幻灯片开始,将除"返回"按钮外的各对象设置为"随机线条"动画效果。

（7）整套幻灯片的背景主题为"都市",背景样式设置为"样式 5"效果。

（8）幻灯片上使用的图片大小与位置统一,图片大小:高度为 7 厘米,宽度为 21 厘米;图片加 1 磅橙色边框;预设效果 4。

（9）通过第一张幻灯片上文字或图片链接到相应的幻灯片,在相应的幻灯片上设置返回按钮,能返回到第一张幻灯片,返回按钮要求大小、位置相同。

4. 参考样张: 如图 3 - 5 - 3。

图 3 - 5 - 3 　多媒体资源整合样张

模 拟 试 卷 6

一、操作系统使用（10 分）

1. 项目背景

在我们的地球上生活着一种移动的花——蝴蝶。小明是一名蝴蝶爱好者,他获取了许多蝴蝶的图片存放在一个文件夹中,为了方便观看,他想将所有蝴蝶图片进行分类保存在不同的文件夹中。请你帮他将蝴蝶图片文件重新按照不同的蝴蝶总科分类,存放在相应的文件夹中,把不能分类的图片文件删除掉。

2. 项目任务

在素材"蝴蝶王国"文件夹中,存放有许多蝴蝶图片文件,按中国学者提出的"17 科 4 总科"的蝴蝶分类系统对蝴蝶图片进行重新整理,要求将整理后的文件和文件夹复制到指定的考生文件夹中。

3. 操作要求

（1）在考生文件夹中,新建四个名为"弄蝶总科"、"凤蝶总科"、"灰蝶总科"、"蛱蝶总科"的文件夹。

（2）将不同科的蝴蝶图片文件(可以从文件名中获知该蝴蝶所属的科),存放在所属的总科文件夹中。弄蝶总科包括:缰蝶科、大弄蝶科、弄蝶科;凤蝶总科包括:凤蝶科、绢蝶科、粉蝶科;灰蝶总科包括:灰蝶科、蚬蝶科、喙蝶科;蛱蝶总科包括:斑蝶科、绡蝶科、眼蝶科、环蝶科、闪蝶科、蛱蝶科、珍蝶科、袖蝶科。

（3）每个文件夹中只能有指定类别文件,并将无法归类到上述四个文件夹中的文件及文件夹全部删除。

二、因特网操作（10 分）

1. 项目背景

为了进一步深入了解与蝴蝶相关的科学知识,小明不仅经常在网上阅读有关蝴蝶的资料,还加入了蝴蝶爱好者协会,与许多蝴蝶迷们进行交流与讨论。

2. 项目任务

根据要求收藏相关网页、网上搜索与保存相关信息以及利用电子邮件进行沟交流通。

3. 操作要求

（1）在 IE 浏览器里的"本地收藏夹"中新建一个名为"蝴蝶梦"的文件夹,然后将以下两个主页地址:

"http://digimuse.nmns.edu.tw/butterfly"和"http://butterflywebsite.com"收藏到该文件夹中。

(2)使用 Internet Explorer 浏览器,通过百度百科(网址为:http://baike.baidu.com/)查找"凤蝶科"中的"曙凤蝶"词条。将找到的第一个网页内容以文本格式保存到考生文件夹下,命名为"曙凤蝶_百度百科.txt"。同时再保存一张曙凤蝶的图片到考生文件夹下,命名为"曙凤蝶.jpg"。

(3)启动电子邮件收发软件(Windows Live Mail),创建一封新邮件,收件人为 butterfly@live.cn,邮件主题"曙凤蝶",邮件内容为"曙凤蝶:动物界,昆虫纲,鳞翅目,凤蝶科。"插入"曙凤蝶.jpg"图片。

三、文字资源整合(30分)

(一)文字录入题(10分)

在 Word 中输入下列文字,以"Word 文档.docx"为文件名,保存在指定的考生文件夹中。

> 环蝶科 Amathusiidae:本科蝴蝶多属中型至大型的蝶种。常以灰褐、黄褐色为基调,饰有黑、白色彩的斑纹。色暗多呈黄色,灰色,棕色,暗褐色,也有少数暗紫色。翅膀上有大型斑点。
>
> 末端部分逐渐加粗,但不明显;前足退化,收缩不用,雄性为一跗节,雌性4至5跗节,爪全退化。两翅面积较大,虫体较小;前翅近似三角形;中室为闭式,后角向外突出;前翅 R 脉4至5分支,R2 至 R5 共长柄;M1 与 R 脉不共柄;A 脉只有1条(2A)。后翅近圆形;中室为开式;肩区具肩横脉(h);内缘臀区很发达,A 脉有2条(2A 及 3A),两翅反面近亚外缘常具多数环状斑纹。

(二)Word 文档编辑(20分)

1. 项目背景

小明运用自己所掌握的蝴蝶科学知识到幼儿园为学前儿童宣传有关蝴蝶的科普知识,还回答了小朋友们提出的许多关于蝴蝶的问题。回来后,小明将问题的解答做了文字性的整理,请将这些文字制作成一张科普宣传板报,为培养更多的学前儿童从小具有热爱科学、热爱自然的思想出谋划策。

2. 项目任务

请运用有关"科普知识"文件夹中的素材,制作介绍公司概况的文字资料,最后完成的作品以"蝴蝶科普宣传.docx"为文件名保存在考生文件夹中。

图 3-6-1 文字资源整合样张

3. 操作要求

(1)新建一空白文档,设置纸张大小为"A4";页边距为"窄";使用图片水印,自动缩放,取消"冲蚀"选项,图片文件为"蝴蝶8.jpg"。

(2)设计标题:将标题"美丽的蝴蝶"设置为艺术字,艺术字样式:"填充—红色,强调文字颜色2,粗糙棱台",文字环绕为上下型,位置为:水平相对于栏居中;垂直相对于页边距顶端对齐,字体:楷体、初号;形状效果:三维旋转,离轴1右。

(3)所有"问"段落文字为宋体,四号,加粗,深红色。

(4)所有"答"段落文字为楷体,小四,深蓝;段落为左右缩进2字符,悬挂缩进2字符,段后间距0.5行。

(5)插入图片"蝴蝶8.jpg",图片大小:高度和宽度均为1.5厘米;文字环绕方式:浮于文字上方;图片样式:矩形投影;将图片白色部分设置成透明;复制四个相同图片,放置在适当位置,要求水平对齐,横向均匀分布;将五张图片组合在一起。(见参考样张)

(6)添加页眉"科普宣传"字体为:黑体、三号、蓝色、左对齐。加3磅,深红色双线下边框。

4. 参考样张:如图 3-6-1。

四、数据资源整合(20 分)

1. 项目背景

由于人类不断地扩大生产,破坏了自然资源的平衡,污染了自然环境,使得许多其它物种逐渐减少甚至濒临灭绝,蝴蝶的遭遇也一样。小明从各种渠道收集了我国四个地区和全球蝴蝶各科的种类数量,以期对这些数据进行分析,从而能警示人们更好地爱护自然,与地球上所有其它生物共同生存。

2. 项目任务

请运用所给的素材"蝴蝶种类数量表.xlsx",对我国四个地区和全球蝴蝶各科的种类数量进行统计分析,并制作适当的统计图。最后完成作品以"蝴蝶各科种类分析表.xlsx"为文件名保存在考生文件夹中。

3. 操作要求

(1) 在给出的 sheet3 数据表上插入一标题行,标题为"中国四大地区各总科蝴蝶种类列表"深红色,楷体、加粗、24 磅、合并后居中。

(2) 计算 sheet2 表中我国四个地区和全球蝴蝶各总科的种类数量(提示:可使用 SUM 函数,也可使用"合并计算"方法)。

(3) 将 sheet2 表中的数据以"纯数值"的选择性粘贴的方法复制到 sheet3 表中的相应位置上。并在 sheet3 表上计算总种类数及所占全球数量的比例。(提示:所占全球数量比例值为"该地区的数量/全球数量")。

(4) 表格样式套用"中等深浅 10",并转换为区域;所有"所占比例"值均使用百分比样式,保留 2 位小数货币格式;字体为:宋体,字号;12 磅。

(5) 对齐方式:所有文字左对齐,数字居中对齐。

(6) 按样张,将表格中相应单元格合并。

(7) 在 sheet3 数据表的 A10:J31 区域,将海南地区四大蝴蝶总科种类数量比例用三维饼图展示,图表布局 6,图表样式 2,系列数据标签的字号为 20 磅,图例字号为 12 磅,图表区:背景填充橙色 60%;边框为深蓝 3 磅、;效果为内部居中阴影。图表标题和图例效果均为外部居中偏移。

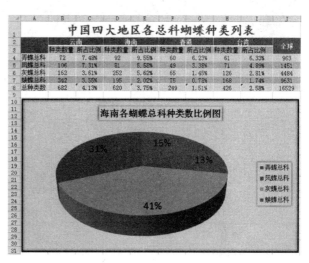

图 3 - 6 - 2 数据资源整合样张

4. 参考样张:如图 3 - 6 - 2。

五、多媒体作品编辑制作(30 分)

1. 项目背景

生长在我国境内的蝴蝶有 11 科 1 300 多种,而海南岛就有 11 科 609 种,堪称"蝴蝶王国"。我国学者吸收了国内外不同学派的合理部分,总结了蝶类系统学、分类学的最新观点,依据蝴蝶的特征、亲缘关系(系统发育)及进化程度,提出 4 个总科;17 个科的分类系统。

2. 项目任务

请运用有关"科普知识"文件夹中的素材,制作宣传蝴蝶分类系统科普知识的演示文稿,完成的作品保存在指定考生文件夹中,文件名为"蝴蝶各科分类简介.pptx"。

3. 操作要求

(1) 设计 6 张以上幻灯片,分别介绍蝴蝶四总科具体分类及各自特点。要求图文并茂,版面合理。

(2) 第一张为"标题幻灯片"版式,主标题为"走进蝴蝶王国":黑体,60 磅,加粗,文字阴影,发光与映像效果;副标题为"蝴蝶各科分类简介":楷体,36 磅,黄色,加粗,文字阴影,外部阴影效果。插入六张不同的蝴蝶图片,统一大小:高度和宽度均为 25 厘米;将图片白色部分设置成透明;设置外部阴影效果;要求水平对齐,横向均匀分布;它们组合成一张图片。

(3) 第二张为"标题和内容"版式,标题为"蝴蝶各科目录",建立五行二列的表格,分别列出四总科及其所包含的分类科名。表头文字居中,文字内容为"总科名称"和"所含分类科名",其他文字左对齐,表格样式为"主题样式 1—强调 4"。

（4）后面的每张幻灯片使用"两栏内容"版式,并都有标题、图片及相应的文字说明。每一张幻灯片要求色彩协调,标题要用统一字体和字号。

（5）整套幻灯片的背景主题为"沉稳",背景样式7。

（6）每张幻灯片的文字说明为方正姚体,白色—文字1,20磅,外部阴影效果,取消项目符。

（7）幻灯片上使用的图片大小统一,图片大小为:高度为7厘米,宽度为11厘米;为图片加上不同的图片样式,并加上统一的图片映像效果。

（8）各幻灯片播放时设置"揭开"的切换方式;从第二张幻灯片开始,将表格和文字说明对象设置为"劈裂"动画效果。

（9）通过第二张目录幻灯片上表格中的四总科文字链接到相应的幻灯片,在相应的幻灯片上设置返回按钮,能返回到第二张目录幻灯片,返回按钮要求使用"圆角矩形"形状,深色线性向下渐变填充,无轮廓,外部阴影效果,大小、位置相同。

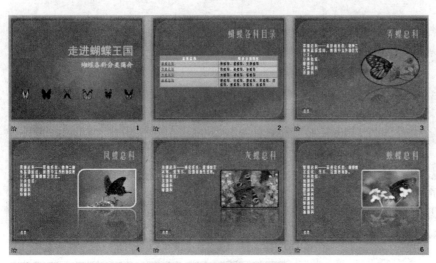

图3-6-3　多媒体作品样张

4. 参考样张:如图3-6-3。

模 拟 试 卷 7

一、操作系统使用（10分）

1. 项目背景

殷之嘉同学比较喜欢中国戏曲,在日常生活中、收集了许多戏曲资料,请你帮助小殷对"戏曲资料"文件夹进行整理,将不同的文件进行分类存放,并把不必要的文件删除掉。

2. 项目任务

在素材"戏曲资料"文件夹中,存放有若干个文件,按设计要求将整理后的文件和文件夹移至指定的考生文件夹中。

3. 操作要求

（1）在考生文件夹中,设计三个名为"京剧"、"越剧"和"沪剧"的文件夹。

（2）将内容相关的文件,存放在指定文件夹中,每个文件夹中只能有指定类别的文件。

（3）请将无法归类到上述三个文件夹中的文件删除。

二、因特网操作（10分）

1. 项目背景

当人们启动浏览器时,总是希望能快速访问到自己想访问的网页、尽快搜索到想找的资料。通过网络收发邮件,已经是当代办公通信的必要技术技能。

2. 项目任务

根据要求设置默认主页、网上搜索以及收发邮件。

3. 操作要求

（1）某网站的主页地址是:http://www.scacqhwz.com,打开此主页,通过对IE浏览器参数进行设置,使其成为IE的默认主页。

（2）使用Internet Explorer浏览器,通过百度搜索引擎(网址为:http://www.baidu.com)搜索"京剧"的资料,将搜索到的第一个网页内容以文本文件的格式保存到考生文件夹下,命名为"jinju.txt"。

(3) 启动电子邮件收发软件(Windows Live Mail),创建一封新邮件,收件人为 xxjs2012@126.com,邮件内容为"定于本周五下午一点,在校大礼堂观摩京剧《四郎探母》,请准时出席,收到请回复。"并插入图片(素材\jj1.jpg)。

三、文字资源整合(30分)

(一)文字录入题(10分)

在 Word 中输入下列文字,以"Word 文档.docx"为文件名,保存在指定的考生文件夹中。

> 京剧是中国影响最大的戏曲剧种,清代乾隆55年起进入北京,分布地以北京为中心,遍及全国。
>
> 在文学、表演、音乐、舞台美术等各个方面,京剧都有一套规范化的艺术表现程式。京剧伴奏分文场和武场两大类,文场以胡琴为主奏乐器;武场以鼓板为主,小锣、大锣次之。京剧的脚色分为生、旦、净、丑、杂、武、流等行当,各行当都有一套表演程式,唱念做打的技艺各具特色。
>
> 京剧的传统剧目约有1 300多个,常演的在300到400个以上。其中《玉堂春》、《长坂坡》、《四郎探母》等剧家喻户晓,为广大观众所熟知。

(二)Word 文档编辑(20分)

1. 项目背景

京剧是中国影响最大的戏曲剧种,堪称为"中国国剧"。京剧应用了中国传统艺术的表现方式,展现了中国的灿烂文化。为更好地推广和传承"京剧"精粹,需要整理编辑一篇宣传"中国京剧"的文字资料。

2. 项目任务

请运用有关"京剧"文件夹中的素材,制作宣传"中国京剧"的文字资料,最后完成的作品以"中国京剧.docx"为文件名保存在考生文件夹中。

3. 操作要求

(1) 纸张大小:宽度:21厘米,高度:29.7厘米;页边距:上、下各2厘米,左、右各3厘米;页眉:1.5厘米,页脚:1.7厘米。

(2) 标题设计:将标题"中国京剧"设置为艺术字,艺术字式样:"填充—橙色,强调文字颜色6,渐变轮廓—强调文字颜色6",文字环绕为上下型、居中;字体:隶书、48磅;形状效果:预设4。

(3) 所有段落首行缩进2个字符,行距:单倍行距。

(4) 按样张,将相关段落设置为三栏、加分隔线格式。

(5) 给整篇文档加20磅的艺术边框。

(6) 插入2张图片(路径为:"我的文档\图1.jpg 和图2.jpg"),外框为剪去对角的矩形和六角形、加6磅框线、宽度:7厘米,高度:5厘米。图片位置见样张,四周型文字环绕,图片效果:阴影:右下斜偏移。(见参考样张)

(7) 添加页眉"中国戏曲"字体:华文琥珀、加粗、3号"红色—强调文字颜色2—深色25%"、居中。

4. 参考样张:如图3-7-1。

图3-7-1　文字资源整合样张

四、数据资源整合(20分)

1. 项目背景

近两年上海市演出市场空前活跃,演出收入增幅较大,为更好地丰富人民群众的业余文化生活,需要对近两年的演出情况进行分析统计。

2. 项目任务

请运用所给的素材,对 2011 年至 2012 年上海市演出情况进行统计分析,并制作适当的统计图。最后完成的作品以"演出统计表.xlsx"为文件名保存在考生文件夹中。

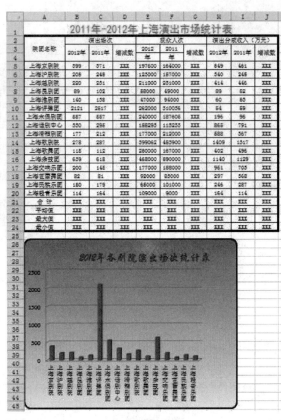

图 3-7-2　数据资源整合样张

3. 操作要求

(1) 运用所给的资料,设计数据表,标题为"2011 年—2012 年上海演出市场统计表"绿色,隶书或黑体、18 磅、跨列居中。

(2) 计算两年来各剧院的演出场次、观众人次、演出分成收入的增减数据(提示:每个数据分别为三年同类数据的和,数据的引用可用如下方法:表名! 单元格名。如 sheet1! B3)。

(3) 计算两年来各剧院的演出场次、观众人次、演出分成收入的总计、平均值、最大值、最小值。(提示:平均值、最大值、最小值的函数分别是:AVERAGE、MAX、MIN)。

(4) 表格样式套用"深色 3",并转换为区域;所有数字均取整数;字体为:楷体,字号;10 磅。

(5) 对齐方式:所有文字左对齐,数字右对齐;自动调整列宽和行高。

(6) 按样张,在表格左上角单元格中,画斜线。

(7) 在数据表的 A26:H40 区域,将各剧团 2012 月的"演出场次"用三维柱形图展示,图标区字体 10 号、背景填充:预设—雨后初晴;边框样式为 3 磅、圆角;标题字号:18 号,字体:华文行楷。

4. 参考样张:如图 3-7-2。

五、多媒体作品编辑制作(30 分)

1. 项目背景

京剧是我国经联合国教科文组织和世界遗产委员会确认,列入世界级的"非物质文化遗产"、是中国影响最大的戏曲剧种,堪称为"中国国剧"。京剧应用传统艺术的表现方式,展现了中国的灿烂文化。

2. 项目任务

(1) 有关京剧的资料已放在桌面上的"京剧资料"文件夹下。

(2) 运用所给的素材制作一个介绍我国京剧的多媒体演示文稿。

(3) 将完成的作品以"京剧.pptx"为文件名,保存在指定的考生文件夹中。

3. 设计要求

(1) 设计至少六张幻灯片,从京剧概况、京剧唱腔、京剧伴奏、京剧行当、传统剧目等五方面介绍,要求图文并茂,版面合理。

(2) 其中第一张幻灯片主题是"中国京剧",并以列表形式展示京剧的五个方面。

(3) 每张幻灯片上要有标题、图片及相应的文字说明。

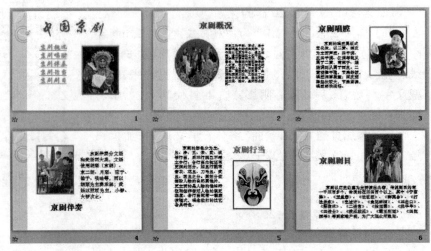

图 3-7-3　多媒体作品样张

(4)每一张幻灯片的主题用统一的字体和字号,并设置动画效果。

(5)第2张幻灯片的图片用圆形展示,并加6磅红色框线。

(6)各幻灯片播放时设置"立方体"的切换方式;各对象设置"旋转"动画效果。

(7)整套幻灯片的背景主题为"夏至",背景样式设置为"样式10"效果。

(8)幻灯片上使用的图片大小一致(有要求的图片另行设置),图片加6磅绿色边框。

(9)通过第一张幻灯片的超级链接,能直接链接到相应的幻灯片,在相应的幻灯片上设置返回按钮,能返回到第一张幻灯片。

4. 参考样张:如图3-7-3。

模 拟 试 卷 8

一、操作系统使用(10分)

1. 项目背景

殷之嘉同学比较喜欢旅游,并且收集拍摄了许多风景资料和照片,请你帮助小殷对"旅游"文件夹进行整理,将不同的文件进行分类存放,并把不必要的文件删除掉。

2. 项目任务

素材"旅游"文件夹中,存有若干文件,按要求将整理后的文件和文件夹复制到指定的考生文件夹中。

3. 操作要求

(1)在考生文件夹中,设计三个名为"安徽黄山"、"浙江杭州"和"江西婺源"的文件夹。

(2)将内容相关的文件,存放在指定文件夹中,每个文件夹中只能有指定类别的文件。

(3)请将无法归类到上述三个文件夹中的文件删除。

二、因特网操作(10分)

1. 项目背景

当人们启动浏览器时,总是希望能快速访问到自己想访问的网页、尽快搜索到想找的资料。通过网络收发邮件,已经是当代办公通信的必要技术技能。

2. 项目任务

根据要求设置默认主页、网上搜索以及收发邮件。

3. 操作要求

(1)某网站的主页地址是 http://www.2345.com,打开此主页,通过对IE浏览器参数进行设置,使其成为IE的默认主页。

(2)使用 Internet Explorer 浏览器,通过百度搜索引擎(网址为:http://www.baidu.com)搜索"黄山"的资料,将搜索到的第一个网页内容以文本文件的格式保存到考生文件夹下,命名为"hs.txt"。

(3)启动电子邮件收发软件(Windows Live Mail),创建一封新邮件,收件人为 xxjs2012@126.com,邮件内容为"定于周五出发去黄山旅游,收到请回复。"并插入图片(素材\"hs1.jpg")。

三、文字资源整合(30分)

(一)文字录入题(10分)

在 Word 中输入下列文字,以"Word 文档.docx"为文件名,保存在指定的考生文件夹中。

> 黄山风景区(HuangshanMountain)是中国著名风景区之一,世界游览胜地,位于安徽省南部黄山市。主峰莲花峰,海拔1 864.8米。
>
> 黄山集名山之长。泰山之雄伟,华山之险峻,衡山之烟云,庐山之瀑布,雁荡山之巧石,峨嵋山之秀丽,黄山无不兼而有之。并以奇松、怪石、云海、温泉四绝著称于世。其2湖,3瀑,16泉,24溪相映争辉。黄山还兼有"天然动物园和天下植物园"的美称,有植物近1 500种,动物500多种。
>
> 1990年12月被联合国教科文组织列入《世界文化与自然遗产名录》;2004年2月入选世界地质公园;2007年5月8日,黄山风景区经国家旅游局正式批准为国家5A级旅游景区。

（二）Word 文档编辑（20 分）

1．项目背景

为更好地做好黄山风景区的旅游工作,需要整理编辑一篇宣传"黄山五绝"的文字资料。

2．项目任务

请运用"黄山旅游"文件夹中的素材,制作宣传"黄山五绝"的文字资料,最后完成的作品以"黄山五绝.docx"为文件名保存在考生文件夹中。

图 3-8-1　文字资源整合样张

3．操作要求

（1）纸张大小：宽度：20 厘米,高度：28 厘米;页边距：上、下：2.6 厘米, 左、右：3.2 厘米;页眉：1.6 厘米,页脚：1.8 厘米。

（2）标题设计：将标题"黄山五绝"设置为艺术字,艺术字式样："填充—橙色,强调文字颜色 6,暖色粗糙棱台",文字环绕为上下型、居中;字体：楷体、36 磅;形状效果：预设 9。

（3）所有段落首行缩进 2 个字符,行距：单倍行距。

（4）按样张,将相关段落设置为两栏格式。

（5）最后二段加底纹：填充：水绿色,强调文字颜色 5、淡色 40％;图案式样：10％,颜色：深蓝。

（6）插入图片（路径为："我的文档\hs2.jpg"）,图片大小：宽度：6.4 厘米,高度：3.5 厘米。图片位置见样张,四周型文字环绕,图片效果：预设 4。（见参考样张图 3-8-1）

（7）添加页眉文字"黄山旅游"字体为：幼圆、加粗、11 磅、红色、右对齐。

4．参考样张：如图 3-8-1。

四、数据资源整合（20 分）

1．项目背景

每年到黄山风景区旅游的人越来越多,为更好地做好黄山风景区的旅游接待工作,需要对近三年的旅游情况进行分析统计。

2．项目任务

请运用所给的素材,对 2010 年至 2012 年黄山旅游人员进行统计分析,并制作适当的统计图。最后完成的作品以"黄山旅游统计表.xlsx"为文件名保存在考生文件夹中。

3．操作要求

（1）在给出的 sheet4 数据表上插入一标题行,标题为"2010 年—2012 年黄山旅游统计表"蓝色,隶书或黑体、18 磅、居中。

（2）计算 sheet4 表中 1～12 月的数据（提示：每个数据分别为三年同类数据的和,数据的引用可用如下方法：表名! 单元格名。如 sheet1! B3）。

（3）计算 1～12 月份每个栏目的总计、平均值、最大值、最小值。（提示：平均值、最大值、最小值的函数分别是：AVERAGE、MAX、MIN）：

（4）表格样式套用"中等深浅 3",转换为区域;所

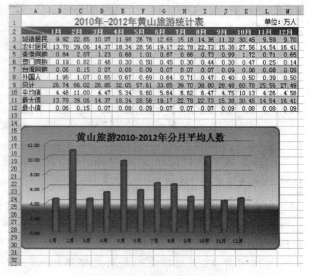

图 3-8-2　数据资源整合样张

有数字均保留 2 位小数;字体:宋体,12 磅。

(5) 对齐方式:所有文字左对齐,数字右对齐;自动调整列宽。

(6) 按样张,在表格左上角单元格中,画斜线。

(7) 在 sheet4 数据表的 A15:L30 区域,将 1~12 月份的"平均值"用簇状圆柱图展示,图标区背景填充:预设—漫漫黄沙;边框样式为 3 磅、圆角。

4. 参考样张:如图 3-8-2。

五、多媒体作品编辑制作(30 分)

1. 项目背景

黄山风景区被联合国教科文组织列入《世界文化与自然遗产名录》,是世界游览胜地;经国家旅游局正式批准的国家 5A 级旅游景区。

2. 项目任务

请运用有关"黄山旅游"文件夹中的素材,制作黄山旅游景区的演示文稿,完成的作品保存在指定考生文件夹中,文件名为"黄山旅游.pptx"。

3. 操作要求

(1) 至少设计 5 张以上幻灯片,分别介绍 4 个以上的景点。要求图文并茂,版面合理。

(2) 其中第一张幻灯片是标题"黄山旅游"和介绍黄山 4 个景点的名称。

(3) 后面每张幻灯片上要有标题、图片及相应的文字说明。

(4) 每一张幻灯片的标题要用统一字体和字号,并设置动画效果。

(5) 第 3 张幻灯片采用竖排文字标题,采用菱形图片样式。

(6) 各幻灯片播放时设置"推进"的切换方式,各对象设置"彩色脉冲"动画效果。

(7) 整套幻灯片的背景主题为"奥斯汀",背景样式设置为"样式 6"效果。

(8) 幻灯片上使用的图片大小一致(有要求的图片另行设置),图片加 3 磅红色边框。

(9) 通过第一张幻灯片上文字或图片链接到相应的幻灯片,在相应的幻灯片上设置返回按钮,能返回到第一张幻灯片,返回按钮要求大小、位置相同。

图 3-8-3　多媒体作品样张

4. 参考样张:如图 3-8-3。

模 拟 试 卷 9

一、操作系统使用(10 分)

1. 项目背景

赵莉在上海远盾智能科技公司办公室担任文秘,经常需要将电脑中公司的文件整理归档,按照不同的文件类型分类,存放在相应的文件夹中,把不必要的文件清理掉。

2. 项目任务

在素材"公司管理"文件夹中,存放有若干个文件,按操作要求将整理后的文件和文件夹移至指定的考生文件夹中。

3. 操作要求

(1) 在考生文件夹中,设计三个名为"内部管理文件"、"产品介绍"、"销售记录"的文件夹。

(2) 将内容相关的文件,存放在指定文件夹中,每个文件夹中只能有指定类别的文件。

(3) 请将无法归类到上述三个文件夹中的文件及文件夹全部删除。

二、因特网操作(10 分)

1. 项目背景

在市场经济的大环境下,市场竞争不断激烈,公司要求员工必须掌握因特网技术,及时掌握市场的最新动态与最新技术,搜索市场信息、整理和保存相关市场资料。同时还要利用网络工具与客户进行交流。

2. 项目任务

根据要求修改默认主页、网上搜索与保存相关信息以及利用电子邮件进行沟通交流。

3. 操作要求

(1) 将 IE 浏览器中的默认主页地址修改为:http://www.sh-hongdun.com。

(2) 使用 Internet Explorer 浏览器,通过百度搜索引擎(网址为:http://www.baidu.com)搜索"泄露电缆"的资料,将搜索到的网页内容以"xldl.txt"为文件名保存到考生文件夹下。

(3) 启动电子邮件收发软件(Windows Live Mail),创建一封新邮件,收件人为 xxjs2012@126.com,内容:"报价表已发你,在附件,收到请回复。"并插入附件,路径为:"素材\报价表.xlsx"。

三、文字资源整合(30 分)

(一)文字录入题(10 分)

在 Word 中输入下列文字,以"Word 文档.docx"为文件名,保存在指定的考生文件夹中。

HD-X1 型泄漏电缆入侵探测器是一种室外周界入侵探测设备。浅埋于地面表层,形式隐蔽,不受地理形式和地表植被影响,可随地势的起伏和弯曲敷设。在被警戒目标周围产生一个约 2.5 米或 4.5 米宽的不可见的电磁场,当有人干扰该电磁场时,就会触发报警。

泄漏电缆入侵探测器采用的是一种大的空间场,对移动目标的导电性、体积、移动速度进行探测。人或车通过该电磁场均会被探测到,而小动物或鸟类却不会引起报警。同时可以滤除环境的影响,如植被、雨雪、风沙等的干扰,是一种具有高可靠性和低漏、误报率的,比较理想的软性周界报警设备。

(二)Word 文档编辑(20 分)

1. 项目背景

上海远盾智能科技公司是专业从事研制开发、生产销售及推广应用"安全防范报警产品"的高科技民营企业为加大企业宣传力度,请整理编辑一篇介绍公司的文字资料。

2. 项目任务

请运用有关"公司资料"文件夹中的素材,制作介绍公司概况的文字资料,最后完成的作品以"远盾智能.docx"为文件名复制到指定文件夹中。

3. 操作要求

(1) 设置标题为"艺术字库"中"填充—蓝色,强调文字颜色 1,金属棱台,映像",字体为华文新魏、字号 48,文字环绕:上下型、居中对齐;形状效果:三位旋转、透视—左向对比透视。

(2) 设置正文中所有段落为首行缩进 2 个字符、两端对齐、行距为 1.2 倍、段后空 0.5 行;将正文中所有"泄漏电缆"替换为:黑体、加粗、三号、蓝色。

(3) 按样张,插入素材\tu1.tif 图片,重新着色:红色,强调文字颜色 2、深色;设置图片高度、宽度均为 1.6 厘米,边框:实线、2 磅、深红色,图片环绕方式为"四周型"。

(4) 按样张插入文本框:高度 2.5 厘米、宽度 8.5 厘米,字体:隶书、小四号、左对齐、单倍行距;形状轮廓:红色—强调文字颜色 2—深色 50%;形状填充:红色—强调文字颜色 2—淡色 60%;形状效果:预设 11。

（5）给第三段加1.5磅、红色、双线阴影边框。

（6）按样张：将相关段落分为二栏、第二栏栏宽为15字符、栏间距为2字符、加分隔线。

（7）添加"现代型（偶数页）"页眉文字"远盾智能"字体：楷体、四号、红色、居中。

4．参考样张：如图3-9-1。

四、数据资源整合（20分）

1．项目背景

随着上海远盾智能科技公司市场份额不断增加，产品每年销量节节攀升。为适应市场需要，更好地做好售后服务，企业加强对销售管理的力度。

2．项目任务

请运用所给的素材：销售表.xlsx，对2012年度公司销售情况进行统计分析，并制作适当的统计图。最后完成的作品以"销售表.xlsx"为文件名保存在指定文件夹中。

3．操作要求

（1）数据表标题"2012年销售统计表"蓝色，加粗、黑体、22磅、跨列居中。

（2）相关单元格填充橙色，强调文字颜色6，淡色60%底纹。

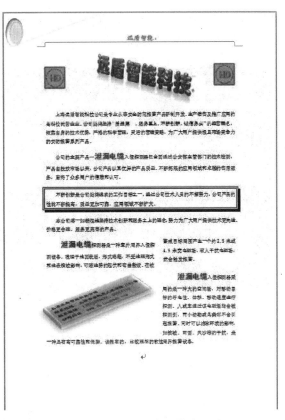

图3-9-1　文字资源整合样张

（3）计算全年及各季度各种电缆的销售量、销售金额；以及月平均销售量、销售金额。

（4）表格样式套用"中等深浅7"，并转换为区域。

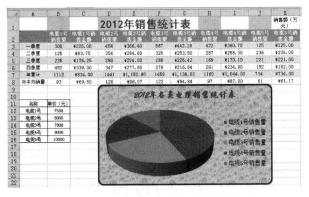

图3-9-2　数据资源整合样张

（5）整表字符：宋体、10磅、水平垂直均居中、销售量取整数，列宽7磅；金额保留2位小数，并用货币形式呈现，列宽9磅。

（6）在D9：J22区域，创建三维饼图，反映一年内各种电缆的销售量。图表背景用"水滴"纹理，边框：3磅实线、圆角、深蓝。图表标题：华文行楷、18磅；其余字体均为12磅。

4．参考样张：如图3-9-2。

五、多媒体作品编辑制作（30分）

1．项目背景

上海远盾智能科技公司是专业从事研制开发、生产销售及推广应用"安全防范报警产品"的高科技民营企业。公司的主要产品"泄漏电缆入侵探测器"已全面通过有关部门的技术检测。产品自投放市场以来，以其优异的产品质量、不断拓展的应用领域和卓越的售后服务，赢得众多用户的信赖和认可。

2．项目任务

有关资料存放在素材"公司简介"文件夹下，为提高公司知名度、推广公司产品，请你运用所给的素材，制作一份"远盾智能公司介绍"演示文稿。

将完成的作品以"远盾智能.pptx"为文件名复制到指定考生文件夹中。

3．操作要求

（1）要求不少于6张幻灯片，标题为"上海远盾智能科技公司"，并从公司简介、经营理念、产品介绍、适用范围、技术指标等五个方面制作演示文稿。

（2）第一张幻灯片是主题，并能与后面相关的各幻灯片相互链接。在相应的幻灯片上设置返回按钮，能返回到第一张幻灯片,返回按钮要求大小、位置相同。

(3) 从第二张幻灯片开始,每张幻灯片上介绍公司一个方面相应的文字说明详细情况,有标题、有2张以上的图片,图片要有形状变化。

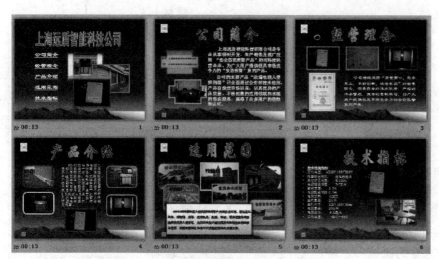

图 3-9-3　多媒体作品样张

(4) 利用母板,在各幻灯片的左上角适当位置,插入远盾智能公司的 logo 标志图。

(5) 每张幻灯片标题用统一字体和字号,并设置"翻转式由远及近"动画,效果选项:整批发送。

(6) 各幻灯片播放时设置"轨道"的切换方式,效果选项:自左下部侧。

(7) 整套幻灯片的背景主题为"Mountain Top",背景样式设置为"样式5"效果。

4. 参考样张:如图 3-9-3。

模 拟 试 卷 10

一、操作系统使用(10 分)

1. 项目背景

殷之嘉同学电脑里有许多文件,有各种图片、照片,还有音乐、铃声和其他文件。请你帮助小殷将"网页素材"文件夹进行整理,将不同的文件分类存放,并把不需要的文件删除。

2. 项目任务

请将素材"网页素材"文件夹中的文件,按设计要求将其进行整理,将整理后的文件和文件夹移至指定的考生文件夹中。

3. 操作要求

(1) 在考生文件夹中,设计名为"图片"、"音乐"两个文件夹。

(2) 在"图片"文件夹中,建立"BMP"、"TIF"、"JPG"三个文件夹;在"音乐"文件夹中,建立"RM"、"WMA"、"MP3"三个文件夹。

(3) 将内容相关的文件,存放在指定文件夹中,每个文件夹中只能有指定类别的文件。

(4) 请将无法归类到上述文件夹中的文件全部删除。

二、因特网操作(10 分)

1. 项目背景

掌握因特网技术,已经是当今信息技术时代,必须具备的技能。通过网络,我们可以及时了解社会最新动态和时事新闻等,随时与别人进行信息交流。

2. 项目任务

根据要求修改默认主页、网上搜索与保存相关信息,利用电子邮件进行沟通交流。

3. 操作要求

(1) 将 IE 浏览器中的默认主页地址修改为:http://www.people.com.cn。

(2) 使用 Internet Explorer 浏览器,通过百度搜索引擎(网址为:http://www.baidu.com)搜索"上海老洋房"的资料,将搜索到的第一个网页内容以文本文件的格式,保存到考生文件夹下,命名为"lyf.txt"。

(3) 启动电子邮件收发软件(Windows Live Mail),创建一封新邮件,收件人为 xxjs2012@126.com,邮件内容"定于本周六下午一点,全体团员参观'上海老洋房'图片展,请准时参加。"并插入一张图片(在素材中选择一张老洋房图片)。

三、文字资源整合(30分)

(一)文字录入题(10分)

在 Word 中输入下列文字,以"Word 文档.docx"为文件名,保存在指定的考生文件夹中。

汾阳路 48 号-丁贵堂住宅。建于 1932 年,这幢别致的房屋属典型的西班牙建筑风格。由名鼎鼎的奥匈建筑师邬达克(L. E. HUDEC)设计。

占地面积 8 000 平方米,其中花园约 4 000 平方米,建筑面积 1 236 平方米。主楼底层有三个连续的拱形券门形成门廊,门及窗樘内竖立西班牙螺旋形柱作为外廊柱。券门上、屋檐下、窗周围均有精巧纤细的水泥沙浆雕饰。二层前有宽敞的阳台,阳台上及楼梯边用花铁栅栏杆。三层为阁楼,有老虎窗。室内装修十分讲究,冬天有壁炉生火,宅前有一对石象守护。

(二)Word 文档编辑(20分)

1. 项目背景

上海宋庆龄故居是宋庆龄长期居住和生活的地方。1949 年春,宋庆龄入居此处,在此迎来了上海的解放。1949 年 8 月,宋庆龄就是在这里欣然接受中国共产党的邀请,北上出席中国人民政治协商会议,参与制定建国大政方针,并当选为中央人民政府副主席。

2. 项目任务

请运用有关"宋庆龄故居"文件夹中的素材,制作介绍宋庆龄故居概况的文字资料,最后完成的作品以"宋庆龄故居.docx"为文件名,保存在指定文件夹中。

3. 操作要求

(1)设置标题"宋庆龄故居"设置为艺术字"填充—红色,强调文字颜色 2,暖色粗糙棱台"字体:初号、华文新魏、居中文字环绕:上下型。删除正文中所有的空格,并将正文中所有标点符号,设置为全角模式。

(2)设置纸张大小为"信纸";页边距为"普通";页眉:1.5 厘米,页脚:1.6 厘米;页面边框为艺术型:10磅、样式自定。

(3)合并第 1、2 段落,设置正文所有段落首行缩进 2字符,行距 1.3 倍,段前间距 0.5 行。

(4)设计副标题:将标题"上海市少年宫"设置为艺术字样式"填充—蓝色,强调文字颜色 1,金属棱台,映像",文字环绕为四周型,位置见样张,字体:隶书、36 磅。

(5)将第三段落分为三栏:第二、三栏宽均为 10 字符,栏间距 2 字符,加分隔线。

(6)插入椭圆形图片和长方形图片(素材\tu101. jpg、tu102.jpg),宽度 3.2 厘米、高度:4.2 厘米。环绕方式:四周型。图片效果:预设 4。

(7)添加页眉文字"宋庆龄故居"字体为:幼圆、小四、蓝色、左对齐。

图 3-10-1　文字资源整合样张

4. 参考样张:如图 3-10-1。

四、数据资源整合(20分)

1. 项目背景

汽车给人类生活带来舒适和极大的便捷,同时也给人类带来交通拥挤、环境污染、事故频繁等负面效应,尤其是道路交通事故发生率的居高不下,已成为全社会共同关注的问题。

2. 项目任务

有关的资料已存放在素材"交通事故"文件夹下。请运用所提供的资料,完成相关数据的计算,将完成的统计表以"交通事故.xlsx"为文件名复制到指定盘中。

3. 操作要求

(1) 计算 sheet4 表中 1～12 月的数据(提示:每个数据分别为三年同类数据的和,数据的引用可用如下方法:表名! 单元格名。如 sheet1! B3)。

(2) 计算 1～12 月份每个栏目的总计、最大值、最小值。(提示:最大值、最小值的函数是:MAX、MIN)

图 3-10-2　数据资源整合样张

(3) 各项数据除"经济损失"栏外,均保留整数,"经济损失"栏保留一位小数。

(4) 在给出的 sheet4 数据表上插入一行作为标题行,标题为"2010 年—2012 年交通事故统计表"字体:"蓝色,强调文字 1,深色 50%",隶书、20 磅、合并居中。

(5) 在 sheet4 数据表 A18:C30 区域,将三年合并后 1～12 月份的"事故发生数"用带数据标记的折线图展示。图表布局 2,图表样式 18,绘图区填充"前景区:蓝色、背景区:白色的大网格";图表区:填充"羊皮纸";边框为双线 1.5 磅、深蓝色;形状效果为:阴影—内部右下角。

(6) 按样张:表格样式套用"中等深浅 2",并转换为区域;表格外框线用双线、内部线用最细线。

(7) 整表字符:宋体、12 磅;对齐方式:所有文字和数字均居中,自动调整列宽。

(8) 在 sheet4 数据表加页脚:"交通事故"隶书、10 磅、深蓝、居中。

4. 参考样张:如图 3-10-2。

五、多媒体作品编辑制作(30 分)

1. 项目背景

上海老洋房大多集中在徐汇和长宁,李鸿章的丁香花园、丽波花园、高安公寓、荣德生私宅、席家花园——几乎都有自己的一段历史和若干故事。闹中取静的地理位置、历史的沉积、限量的数目以及不可再造性,都让人们对老洋房热度有增无减。

2. 项目任务

请你运用所给的素材,制作一个关于"上海老洋房"的多媒体演示文稿,向大家介绍一些有名的老洋房故事。完成的作品以"上海老洋房.pptx"为文件名保存在指定盘中。

3. 操作要求

(1) 要求不少于 5 张幻灯片,第一张是标题"上海老洋房"和四个老洋房的名称。

(2) 第二张幻灯片开始,每张幻灯片上介绍一个关于上海老洋房的故事(可以是老洋房的来历、变迁、或者相关故事、人物)。有标题、图片及相应的文字说明。

图 3-10-3　多媒体作品样张

（3）通过第一张幻灯片上文字或图片链接到相应的幻灯片,在相应的幻灯片上设置返回按钮,能返回到第一张幻灯片,返回按钮大小、位置相同。

（4）利用母版设置,将每张幻灯片标题用统一字体和字号。

（5）幻灯片上使用的图片大小统一,高度为 7 厘米,宽度为 10 厘米;图片加 4.5 磅彩色边框;预设效果 4。

（6）最后一张幻灯片插入三张形状为六角形的图片,分别是在合适的预设效果。

（7）各幻灯片播放时设置"时钟"切换方式,效果选项为"顺时针"。

（8）整套幻灯片的动画效果:各对象均设置为"陀螺旋"动画,效果选项:逆时针,作为一个对象,完全旋转。

（9）整套幻灯片的背景主题为"Profile"模板。

（10）整套幻灯片播放时间 2 分钟,循环播放。

4. 参考样张:如图 3 - 10 - 3。

模 拟 试 卷 11

一、操作系统使用（10 分）

1. 项目背景

在所提供的素材"精选的照片"文件夹中,存放有若干个文件,请你将该文件夹整理,将不同的文件进行分类存放。

2. 项目任务

请将素材提供的"精选的照片"文件夹,按要求将其进行整理,将经过整理后的文件夹移至指定目录中。

3. 操作要求

（1）在"精选的照片"文件夹下建立"风光"、"建筑"和"花卉"三个文件夹。

（2）将不同内容的照片分别存放在相应的文件夹中。

（3）将无法分类的文件删除。

二、因特网操作（10 分）

1. 项目背景

掌握因特网技术是当今时代,必须具备的技能。

2. 项目任务

根据要求修改默认主页、网上搜索与保存相关信息,利用电子邮件进行沟通交流。

3. 操作要求

（1）某网站的主页地址是:http://www.baidu.com,打开此主页,通过对 IE 浏览器参数进行设置,使其成为 IE 的默认主页。

（2）使用 Internet Explorer 浏览器,通过百度搜索引擎（网址为:http://www.baidu.com）搜索"莫言小说"的资料,将搜索到的第一个网页内容以文本文件的格式保存到考生文件夹下,命名为"myxs.txt"。

（3）启动电子邮件收发软件（Windows Live Mail）,创建一封新邮件,收件人为 zhengxiao@126.com,邮件内容为"最近身体好吗? 有空联系。"并插入图片（路径为:"我的文档\house.jpg"）。

三、文字资源整合（30 分）

（一）文字录入题（10 分）

在 Word 中输入下列文字,以"Word 文档.docx"为文件名,保存在指定的考生文件夹中。

> 北京时间 11 月 25 日 16 时,2012 - 13 赛季 CBA 联赛继续首轮角逐。在晋江祖昌体育馆进行的争夺中,主场作战的福建泉州银行男篮经过四节争夺以 95 - 92 战胜青岛双星男篮,喜获新赛季开门红。四节的具体比分为 32 - 29、30 - 19、18 - 20 和 15 - 24（福建队在前）。

福建队的麦克唐纳得到全队最高的 26 分 12 篮板并送出 1 抢断,青岛队的麦蒂 CBA 首秀得到全队最高的 34 分 9 助攻并抢下 8 篮板 2 抢断。根据赛程安排,福建队新赛季第 2 轮将客场挑战新疆队,而青岛队将坐镇主场对阵佛山队。

（二）Word 文档编辑（20 分）

1. 项目背景

请运用所给的素材,制作介绍宇宙奥秘的宣传文稿。

2. 项目任务

请运用所给的素材,制作介绍宇宙奥秘的宣传文稿。最后完成的作品以"宇宙的奥秘.docx"为文件名保存在指定目录中。

3. 操作要求

（1）纸张大小：宽度：20 厘米,高度：28 厘米;页边距：上、下：2.6 厘米,左、右：3.2 厘米;页眉：1.6 厘米,页脚：1.8 厘米。

（2）标题设计：将标题"宇宙的奥秘"设置为艺术字,艺术字式样：第 4 行第 1 列;字体：黑体;形状：波形 2。

（3）所有段落首行缩进 2 个字符。

（4）从第二段开始,设置为两栏格式。

（5）第一段文字底纹：填充色为：茶色,背景 2;图案式样：10%,颜色：深蓝 文字 2。

（6）插入图片 solar.bmp,图片大小：宽度：6.4 厘米,高度：3.5 厘米。图片位置：中间居中,四周型文字环绕。（见参考样张）

（7）添加页眉文字"宇宙的奥秘"以及页码文本。（见参考样张）

＊补充说明：文字资源整合部分的题目为文字输入（10 分）＋版面设计（20 分）或是文字输入（10 分）＋表格设计（20 分）。

4. 表格设计操作内容

请运用所给的素材,根据样张制作班级课程表。最后完成的作品以"课程表.docx"为文件名保存在原目录中。（20 分）

5. 表格设计操作要求

（1）将"星期二"与"星期一"交换。

（2）在"星期四"左侧插入一列,并在顶端单元格输入"星期三"。

（3）合并或拆分表格中相应的单元格。

（4）格式设置：星期一至星期五,字体：黑体,字号：小三;上午和下午字体：黑体,字号；四号。

（5）对齐方式：中部两端对齐;调整列宽、行高。

（6）为表格设置相应的边框线。

（7）在表格左上角单元格中,画斜线。

6. 参考样张：略。

四、数据资源整合（20 分）

1. 项目背景

请运用所给的素材,制作"家电部销售统计表"。

2. 项目任务

在 Excel 中,以表格的形式对各家电的销售情况进行统计分析。最后完成的统计表格以原文件名保存在原目录中。

3. 操作要求

（1）将 Sheet1 工作表命名为"家电销售统计"。

（2）设计标题,标题格式（字体：黑体;字号：20;粗体;跨列居中;单元格底纹：颜色：浅绿色;字体颜色：蓝色）

（3）表格中的数据单元格区域设置为会计专用格式,应用货币符号,右对齐;其他单元格内容居中。

（4）在"名称"单元格前插入名为"序号"一列,并设置序号内容（1～4）。

（5）设置相应的边框线,外框使用粗线线型,内框使用单线和双线两种线型。

（6）计算各家电总和以及平均销售量,将结果填入相应的单元格中。

（7）设计一个三维簇状柱形图反映各家电的平均销售情况。

4. 参考样张:略。

五、多媒体作品编辑制作(30 分)

1. 项目背景

制作一个介绍"文明礼仪"的多媒体演示文稿。

2. 项目任务

请你运用所给的素材,制作介绍"文明礼仪"的多媒体演示文稿,完成的作品以"文明礼仪.pptx"为文件名保存在指定盘中。

3. 操作要求

（1）设计不少于五张幻灯片(包括五张),要求图文并茂。

（2）幻灯片的背景为双色渐变。

（3）其中第一张幻灯片是主题、前言以及目录。

（4）从第二张幻灯片开始每张幻灯片上介绍一个"文明礼仪"项目。

（5）通过第一张幻灯片上文字或图片链接到相应的幻灯片,在相应的幻灯片上设置返回按钮,能返回到第一张幻灯片。

（6）幻灯片排版合理、色彩搭配协调,标题使用艺术字。

（7）幻灯片上使用的图片大小一致。

（8）各张幻灯片的对象设置动画效果。

4. 参考样张:略。

模 拟 试 卷 12

一、操作系统使用(10 分)

1. 项目背景

电脑里有许多数码照片、短信文本和音乐等文件。请你将"下载资料"文件夹进行整理,将不同的文件进行分类存放。

2. 项目任务

请将素材"下载资料"文件夹中的文件,按设计要求将其进行整理,将整理后的文件和文件夹移至指定的考生文件夹中。

3. 操作要求

（1）在考生文件夹中,设计名为"照片"、"文本"和"音乐"三个文件夹。

（2）将所有照片文件存放在"照片"文件夹,文本文件存放在"文本"文件夹,所有的声音文件存放到"音乐"文件夹中。

（3）请将无法归类到上述文件夹中的文件全部删除。

二、因特网操作(10 分)

1. 项目背景

通过网络,我们可以及时了解社会时事新闻、知道天下大事,随时与远方的朋友、亲人进行信息交流。所以,掌握因特网技术是当今时代,必须具备的技能。

2. 项目任务

根据要求修改默认主页、网上搜索与保存相关信息,利用电子邮件进行沟通交流。

3. 操作要求

（1）将 IE 浏览器中的默认主页地址修改为: http://www.shedu.net。

(2) 使用 Internet Explorer 浏览器,通过百度搜索引擎(网址为：http://www.baidu.com)搜索"中国五大名山"的资料,将搜索到的网页内容以文本文件的格式,保存到考生文件夹下,命名为"wdms.txt"。

(3) 启动电子邮件收发软件(Windows Live Mail),创建一封新邮件,收件人为 xxjs2012@126.com,邮件内容："本月底将举办《五大名山》摄影图片展,请大家踊跃交稿参与。"并插入一张图片(在素材中选择一五大名山的图片)。

三、文字资源整合(30 分)

(一) 文字录入题(10 分)

在 Word 中输入下列文字,以"Word 文档.docx"为文件名,保存在指定的考生文件夹中。

> 五岳,中国五大名山的总称。即东岳泰山(位于山东省泰安市,海拔 1 524 米)、南岳衡山(位于湖南省衡山县,海拔 1 290 米),西岳华山(位于陕西省华阴市,海拔 1 997 米),北岳恒山(位于山西省浑源县,海拔 2 017 米),中岳嵩山(位于河南省登封市,海拔 1 440 米)。古代帝王附会五岳为群神所居,在诸山举行封禅、祭祀盛典。五岳说始于汉武帝。唐玄宗、宋真宗封五岳为王,为帝。明太祖尊五岳为神。
>
> 泰山乃五岳之首,位于山东省中部,绵亘于济南、泰安、长清等市县间。有"五岳独尊"的称誉。

(二) Word 文档编辑(20 分)

1. 项目背景

我国五大名岳绝佳的自然风光令人心驰神往,五大名山也流传着许多美丽的神话故事。

2. 项目任务

请运用有关"二郎劈山救母"文件夹中的素材,制作介绍华山神话故事概况的文字资料,最后完成的作品以"二郎救母.docx"为文件名,保存在指定文件夹中。

3. 操作要求

(1) 设置标题"二郎劈山救母"设置为艺术字"填充—红色,强调文字颜色 2,暖色粗糙棱台"字体：48 磅、华文新魏、居中文字环绕：上下型。

(2) 设置纸张大小为"信纸";页边距为"普通";页眉：1.2 厘米,页脚：1.2 厘米;页面边框为艺术型：10 磅、样式自选。

(3) 合并第 1、2 段落,设置正文所有段落首行缩进 2 字符,行距 1.6 倍,段后间距 1 行。

(4) 设计副标题："华山传说"设置为艺术字样式"填充—蓝色,强调文字颜色 1,金属棱台,映像",文字环绕为四周型,位置见样张,字体：黑体、24 磅。文字方向垂直居中、水平右对齐页边距。

(5) 将第三段落分为二栏：第一栏宽为 18 字符,栏间距 2 字符,加分隔线。

(6) 插入两张图片(素材\tu121.jpg、tu122.jpg),宽度：3.2 厘米、高度：4.2 厘米。环绕方式：四周型。图片效果：预设 4。图片位置自定,要求图文并茂、美观。

(7) 添加页眉文字"五大名山神话传说"字体为：楷体、小四、深红色、居中。

4. 参考样张：略。

四、数据资源整合(20 分)

1. 项目背景

家庭中的水、电、煤气、电话费等开销,是日常生活消费的基础,请你将家庭一年内水电煤气费等开支情况,作统计分析,以便更好提倡节约、用好资源。

2. 项目任务

有关家庭费用开支情况资料,已放在桌面上的"家庭费用"文件夹中。设计合适的统计表。完成的作品以"家庭费用.xlsx"为文件名保存在指定盘中。

3. 操作要求

(1) 从提供的素材中整理有关的数据,在电子表格文件中设计家庭水电煤气费使用统计表,包含每月的用量和费用,以及每月各项费用小计及一年内各项费用与用量的总计。

(2) 利用公式计算每月水、电、煤气、电话费等的用量和费用,以及每月各项费用小计,及一年内各项费用与用量的总计。

（3）计算 1～12 月份每个栏目的总计、最大值、最小值、平均值。（提示：最大值、最小值的函数分别是：MAX、MIN）。

（4）统计表标题为"2012 年家庭费用统计表"字体："绿色，强调文字 1，深色 50％"，隶书、20 磅、合并居中。

（5）在 sheet1 数据表 A22：I35 区域，将全年的各项费用，用带数据标记的饼图展示。图表布局 2，图表样式 5，图表区填充：预设"麦浪滚滚"；边框为双线 1.5 磅、深红色；形状效果为：阴影—内部右上角。

（6）表格样式套用"中等深浅 3"，并转换为区域；表格外框线用双线、内部线最细线。

（7）整表字符：宋体、12 磅；所有文字左对齐、和数字右对齐，自动调整列宽。

（8）在 sheet1 数据表加页脚："家庭费用"华文彩云、10 磅、深蓝、居中。

4．参考样张：略。

五、多媒体作品编辑制作（30 分）

1．项目背景

"泰山如坐、华山如立、衡山如飞、恒山如行、嵩山如卧"，我国五岳绝佳的自然风光早就被人们所认识。中国古代，认为高山"峻极于天"，把位于中原地区的东、南、西、北方和中央的五座高山定为"五岳"、五岳中"岳"意即高峻的山。

2．项目任务

请你运用所给的素材，制作一个关于"中国五岳"的多媒体演示文稿，完成的作品以"中国五岳. pptx"为文件名保存在指定盘中。

3．操作要求

（1）要求不少于 6 张幻灯片，第一张是标题"中国五岳"和五大名山的名称。

（2）第二张幻灯片开始，每张幻灯片上介绍一个名山的概括，有标题、图片及相应的文字说明。

（3）通过第一张幻灯片上文字或图片链接到相应的幻灯片，在相应的幻灯片上设置返回按钮，能返回到第一张幻灯片，返回按钮大小、位置相同。

（4）利用母板设置页眉"中国五大名山"字体：楷体、12 磅。

（5）幻灯片上使用的图片大小统一，图片加 4.5 磅彩色边框；预设效果自选。

（6）最后一张幻灯片一段插入视频文件，并配上合适的框架图片。

（7）各幻灯片播放时设置"闪耀"切换方式，效果选项为"从下方闪耀的六边形"。

（8）整套幻灯片的动画效果：各对象均设置为"放大/缩小"动画，效果选项："垂直"。

（9）整套幻灯片的背景主题为"穿越"模板。

（10）整套幻灯片播放时间 1 分钟，循环播放。

4．参考样张：略。

图书在版编目(CIP)数据

信息技术基础实践指导/《信息技术基础实践指导》本书编写组编. —6 版.
—上海:复旦大学出版社,2013.2(2014.6 重印)
ISBN 978-7-309-09462-6

Ⅰ. 信…　Ⅱ. 信…　Ⅲ. 电子计算机-中等专业-学校-教学参考资料　Ⅳ. TP3

中国版本图书馆 CIP 数据核字(2013)第 008010 号

信息技术基础实践指导(第 6 版)
本书编写组　编
责任编辑/黄　乐

复旦大学出版社有限公司出版发行
上海市国权路 579 号　邮编:200433
网址:fupnet@ fudanpress.com　http://www.fudanpress.com
门市零售:86-21-65642857　团体订购:86-21-65118853
外埠邮购:86-21-65109143
浙江省临安市曙光印务有限公司

开本 850×1240　1/16　印张 9.75　字数 313 千
2014 年 6 月第 6 版第 3 次印刷
印数 11 101—17 100

ISBN 978-7-309-09462-6/T·465
定价:27.00 元